国家出版基金项目
NATIONAL PUBLICATION FOUNDATION

中国中药资源大典
——中药材系列
中药材生产加工适宜
中药材产业扶贫计划

黄连生产加工适宜技术

总主编　黄璐琦
主　　编　瞿显友　李隆云
副主编　陈仕江　李燕明　汪祈登

中国医药科技出版社

内容提要

《中药材生产加工适宜技术丛书》以全国第四次中药资源普查工作为抓手，系统整理我国中药材栽培加工的传统及特色技术，旨在科学指导、普及中药材种植及产地加工，规范中药材种植产业。本书为黄连生产加工适宜技术，包括：概述、黄连药用资源、黄连栽培历史及现状、黄连立地条件与生物特性、黄连栽培技术、黄连病虫害综合防治、黄连的采收及加工、黄连特色适宜技术、黄连药材质量、黄连现代研究与应用等内容。本书适合中药种植户及中药材生产加工企业参考使用。

图书在版编目（CIP）数据

黄连生产加工适宜技术 / 瞿显友，李隆云主编 . — 北京：中国医药科技出版社，2018.3

（中国中药资源大典 . 中药材系列 . 中药材生产加工适宜技术丛书）

ISBN 978-7-5067-9892-1

Ⅰ . ①黄…　Ⅱ . ①瞿… ②李…　Ⅲ . ①黄连－栽培技术 ②黄连－中草药加工　Ⅳ . ① S567.5

中国版本图书馆 CIP 数据核字（2018）第 013706 号

美术编辑　陈君杞

版式设计　锋尚设计

出版　中国医药科技出版社

地址　北京市海淀区文慧园北路甲 22 号

邮编　100082

电话　发行：010-62227427　邮购：010-62236938

网址　www.cmstp.com

规格　710 × 1000mm　1/16

印张　13 1/4

字数　106 千字

版次　2018 年 3 月第 1 版

印次　2018 年 3 月第 1 次印刷

印刷　北京盛通印刷股份有限公司

经销　全国各地新华书店

书号　ISBN 978-7-5067-9892-1

定价　45.00 元

中药材生产加工适宜技术丛书

—— 编委会 ——

本书编委会

顾　　问　钟国跃

主　　编　瞿显友　李隆云

副 主 编　李燕明　陈仕江　汪祈登

编写人员（按姓氏笔画排序）

马培轩（重庆石柱黄连科技有限公司）
王　钰（重庆市中药研究院）
李隆云（重庆市中药研究院）
李燕明（重庆石柱土家族自治县人大常委会）
汪祈登（重庆石柱土家族自治县特色产业发展中心）
陈仕江（重庆市中药研究院）
聂广楼（重庆石柱土家族自治县特色产业发展中心）
银福军（重庆市中药研究院）
彭平安（重庆旺隆黄连科技有限公司）
瞿显友（重庆市中药研究院）

序

我国是最早开始药用植物人工栽培的国家，中药材使用栽培历史悠久。目前，中药材生产技术较为成熟的品种有200余种。我国劳动人民在长期实践中积累了丰富的中药种植管理经验，形成了一系列实用、有特色的栽培加工方法。这些源于民间、简单实用的中药材生产加工适宜技术，被药农广泛接受。这些技术多为实践中的有效经验，经过长期实践，兼具经济性和可操作性，也带有鲜明的地方特色，是中药资源发展的宝贵财富和有力支撑。

基层中药材生产加工适宜技术也存在技术水平、操作规范、生产效果参差不齐问题，研究基础也较薄弱；受限于信息渠道相对闭塞，技术交流和推广不广泛，效率和效益也不很高。这些问题导致许多中药材生产加工技术只在较小范围内使用，不利于价值发挥，也不利于技术提升。因此，中药材生产加工适宜技术的收集、汇总工作显得更加重要，并且需要搭建沟通、传播平台，引入科研力量，结合现代科学技术手段，开展适宜技术研究论证与开发升级，在此基础上进行推广，使其优势技术得到充分的发挥与应用。

《中药材生产加工适宜技术》系列丛书正是在这样的背景下组织编撰的。该书以我院中药资源中心专家为主体，他们以中药资源动态监测信息和技术服务体系的工作为基础，编写整理了百余种常用大宗中药材的生产加工适宜技术。全书从中药材的种植、采收、加工等方面进行介绍，指导中药材生产，旨在促进中药资源的可持续发展，提高中药资源利用效率，保护生物多样性和生态环境，推进生态文明建设。

丛书的出版有利于促进中药种植技术的提升，对改善中药材的生产方式，促进中药资源产业发展，促进中药材规范化种植，提升中药材质量具有指导意义。本书适合中药栽培专业学生及基层药农阅读，也希望编写组广泛听取吸纳药农宝贵经验，不断丰富技术内容。

书将付梓，先睹为悦，谨以上言，以斯充序。

中国中医科学院 院长

中 国 工 程 院 院士 张伯礼

丁酉秋于东直门

总前言

中药材是中医药事业传承和发展的物质基础，是关系国计民生的战略性资源。中药材保护和发展得到了党中央、国务院的高度重视，一系列促进中药材发展的法律规划的颁布，如《中华人民共和国中医药法》的颁布，为野生资源保护和中药材规范化种植养殖提供了法律依据；《中医药发展战略规划纲要（2016—2030年）》提出推进“中药材规范化种植养殖”战略布局；《中药材保护和发展规划（2015—2020年）》对我国中药材资源保护和中药材产业发展进行了全面部署。

中药材生产和加工是中药产业发展的“第一关”，对保证中药供给和质量安全起着最为关键的作用。影响中药材质量的问题也最为复杂，存在种源、环境因子、种植技术、加工工艺等多个环节影响，是我国中医药管理的重点和难点。多数中药材规模化种植历史不超过30年，所积累的生产经验和研究资料严重不足。中药材科学种植还需要大量的研究和长期的实践。

中药材质量上存在特殊性，不能单纯考虑产量问题，不能简单复制农业经验。中药材生产必须强调道地药材，需要优良的品种遗传，特定的生态环境条件和适宜的栽培加工技术。为了推动中药材生产现代化，我与我的团队承担了农业部现代农业产业技术体系“中药材产业技术体系”建设任务。结合国家中医药管理局建立的全国中药资源动态监测体系，致力于收集、整理中药材生产加工适宜技术。这些适宜技术限于信息沟通渠道闭塞，并未能得到很好的推广和应用。

本丛书在第四次全国中药资源普查试点工作的基础下，历时三年，从药用资源分布、栽培技术、特色适宜技术、药材质量、现代应用与研究五个方面系统收集、整理了近百个品种全国范围内二十年来的生产加工适宜技术。这些适宜技术多源于基层，简单实用、被老百姓广泛接受，且经过长期实践、能够充分利用土地或其他资源。一些适宜技术尤其适用于经济欠发达的偏远地区和生态脆弱区的中药材栽培，这些地方农民收入来源较少，适宜技术推广有助于该地区实现精准扶贫。一些适宜技术提供了中药材生产的机械化解决方案，或者解决珍稀濒危资源繁育问题，为中药资源绿色可持续发展提供技术支持。

本套丛书以品种分册，参与编写的作者均为第四次全国中药资源普查中各省中药原料质量监测和技术服务中心的主任或一线专家、具有丰富种植经验的中药农业专家。在编写过程中，专家们查阅大量文献资料结合普查及自身经验，几经会议讨论，数易其稿。书稿完成后，我们又组织药用植物专家、农学家对书中所涉及植物分类检索表、农业病虫害及用药等内容进行审核确定，最终形成《中药材生产加工适宜技术》系列丛书。

在此，感谢各承担单位和审稿专家严谨、认真的工作，使得本套丛书最终付梓。希望本套丛书的出版，能对正在进行中药农业生产的地区及从业人员，有一些切实的参考价值；对规范和建立统一的中药材种植、采收、加工及检验的质量标准有一点实际的推动。

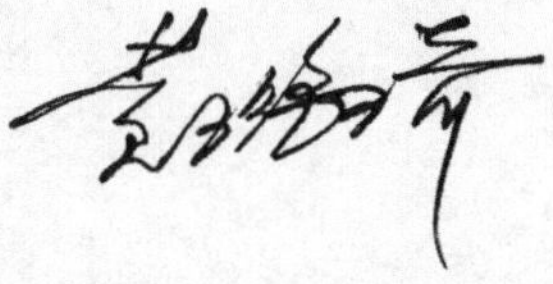

2017年11月24日

前言

说起黄连，人们自然而然想到苦，因此黄连也成为“苦”的文化代表。俗语道：良药苦口利于病。黄连是一味使用历史悠久的良药。黄连为我国常用大宗中药材，中医认为是清热燥湿的代表药。黄连始载于《神农本草》，列为上品。黄连性苦、味寒，具清热燥湿、泻火解毒的功能，是中医治疗胃肠疾患、外部疱疮的常用药物。近年还发现具有降血糖、降血脂等新的功效，对肿瘤也有一定的抑制作用，黄连的应用展现出新的前景。

黄连药材分为味连（又称鸡爪连）、雅连、云连。味连主产重庆、湖北、四川、陕西、贵州等地，其中以重庆石柱和湖北利川等地种植面积大。雅连产四川洪雅、雅安、峨眉一带；云连仅产云南怒江自治州高黎贡山一带。目前，市场上黄连药材几乎全为味连（鸡爪连）。

黄连多生长于海拔1200～1800m中高山地区，该地区气温较低，粮食作物及经济作物产量低，可选择种植的经济作物少，加之较为偏远，生产农产品运输成本高而缺乏市场竞争力，种植黄连成为当地脱贫的一个重要举措。

黄连生长期较长，从种子繁殖到采收需要7年时间，合理追肥及田间管理决定了黄连的产量；黄连喜阴凉，传统栽培黄连，常常要砍山搭棚，因而是依赖森林资源的产业；黄连栽过之地，土性已寒，不得连作，连作之后黄连病害发生严重，造成减产甚至绝收；黄连传统的采收加工方法费时费力，且对黄连药材的质量也有影响，等等这些问题制约了黄连生产的可持续发展。

为了帮助黄连生产、加工农户及企业更好地科学、规范化栽培，我们在黄连GAP研究和生产实践的基础上，结合十余年科研成果和新技术，融合其他学者的研究成果，编著此书。为了使本书对黄连栽培具有可操作性，对生产实践具有指导作用，我们力求使本书通俗易懂，实用为上，希望本书成为黄连生产者的实用书，为中药材产业发展、中药材精准扶贫做出一点贡献。

由于黄连为多年生药材，其研究成果是在前人基础上的发展和创新，在此对他们表示衷心感谢。本书在编写中采用有关学者的研究资料及成果引用文献列于书后，并在此也向他们表示诚挚的谢意。

由于编写水平所限，难免有遗漏及谬误之处，恳请读者批评指正。

编者

2017年10月

目 录

第1章

概　述

黄连药用已有2000多年历史，始载于《神农本草》经，并列为上品，称其“味苦，寒，无毒。治热气，目痛，眦伤泣出，明目，肠澼，腹痛，下痢，妇人阴中肿痛”。两晋时期，葛洪《肘后备急方》中首先就有关于黄连治眼病和消渴的叙述：“黄连治卒消渴，小便多。”这亦可能为提及黄连能治消渴病的最早历史记录。

南北朝时期，梁·陶弘景《名医别录》上曾说：“黄连主五脏冷热，久下泄澼，脓血，止消渴，大惊，除水，利骨，调胃厚肠，益胆并疗口疮。”说明黄连可以治消渴以及肠胃肝胆疾患，其后中医古籍中也多有记载。金元名医刘元素说“古方以黄连为治痢之最”，称其为治痢良药，并在此基础上进行广泛应用。黄连性苦，寒。归心、脾、胃、肝、胆、大肠经。具有清热燥湿，泻火解毒的功效。用于湿热痞满，呕吐吞酸，泻痢，黄疸，高热神昏，心火亢盛，心烦不寐，血热吐衄，目赤，牙痛，消渴，痈肿疔疮；外治湿疮、湿疹，耳道流脓等症。在治疗痢疾、消渴、疮疡肿痛、目疾、妇科等病症有显著的疗效。

现代药理研究表明：黄连具有消炎抗菌，镇静退热、降低血压、降血糖、抗血小板聚集及溶栓、抗心律失常、抗肿瘤、扩张末梢血液循环及强化胆囊功能等作用。主要有效成分为生物碱。最新研究，黄连甲醇提取物能够通过抑制Aβ42聚集、乙酰胆碱酯酶（AChE）和β分泌酶（BACE1）的活性而表现出多靶点的体外抗阿尔茨海默病作用。

黄连药效显著，用途极广，不但是中医处方最常用的品种，也是中成药的重要原料。其根茎目前主要用作处方调配和中成药的原料，如黄连上清丸，复方黄连素片等。据《全国中成药品种目录》统计，以黄连作原料生产的中成药有黄连上清丸、香连丸等108种之多。宋代以前一些医书3.2万多方剂中，含有黄连的方剂有1760首，黄连抗癌和降血糖等新疗效的不断发现，引起人们广泛的关注，黄连用途不断扩大，市场前景广阔。

黄连须及叶可作兽药，用于防治猪、兔等动物的痢疾病，与其他中药配伍用于家禽以及水产病害的防治。用黄连喂鲢鱼，可增加其解毒功能，提高生存能力。黄连止痢散按2%的药料比拌入食物内让鸡自食，治愈率达96.7%。黄连可作为绿色饲料添加剂，用于防治多种动物的痢疾病，减少使用抗生素带来的危害，而且主要通过提高动物自身对病害的免疫力，达到抗病目的。黄连及其副产物可作兽药的植物抗生素，具有抗菌、抗病毒、减少抗生素残留的特点，保证食品安全，具有广阔的应用前景。

第2章

黄连药用资源

第一节　资源现状与分类

毛茛科（Ranunculaceae）黄连属（*Coptis* Salisb.）植物全世界约16种，据《中国植物志》所载，我国产6种1变种。有的学者认为我国黄连属植物有9种3变种。认为西藏黄连和云南黄连的根茎形态和显微构造特征具有明显的区别，云南黄连为*Coptis teetoides*，而西藏黄连应为*C. teeta*，二者并非同一种。从形态特征方面发现了黄连属的两个新种和一个新变种，即线萼黄连（*C. linearisepala*）、古蔺黄连（*C. gulinensis*）和爪萼黄连（*C. chinensis* var. *unguiculata*），认为线萼黄连与黄连相近，但其萼片线形，花瓣短而细窄，叶中裂片长，狭卵形，长为宽的两倍；古蔺黄连与黄连的区别在于萼片线形，萼片长与花瓣长的比例为2～2.2倍，植株常有细长带芽匍匐茎；爪萼黄连与黄连的原变种短萼黄连的区别在于萼片较窄，具爪，萼片比花瓣长1倍或更多。

黄连属植物天然种群数量少，自然更新速度慢，加上种间遗传变异小，适应环境的能力差，致其濒危因素高，因而我国将大部分黄连属植物纳入植物保护名录（表2-1）。

表2-1 黄连属药用植物资源分布

序号	原植物名称	主要分布地	备注
1	黄连*Coptis chinensis* Franch.	重庆、贵州、湖南、湖北西部、陕西南部及甘肃	国家3级保护渐危种
2	三角叶黄连*C.deltoidea* C. Y. Cheng et Hsiao	四川峨眉、洪雅一带	国家2级保护濒危种
3	云南黄连*C.teeta* Wall.	云南西北部、西南部、西藏东南部	国家2级保护渐危种
4	峨眉黄连*C.omeiensis*（Chen）C. Y Cheng	仅分布于四川峨眉山	重点保护植物
5	五裂黄连*C.quinquesecta* W. T. Wang	云南东南部	重点保护植物
6	五叶黄连*C. quingefolia* W. T. Wang	中国台湾	
7	短萼黄连*C. chinensis* var. *brevisepala* W. T. Wang et Hsiao	安徽南部、浙江、福建、江西、广东北部、文西东北部	国家3级保护渐危种

常见药用黄连原植物分类检索表见表2-2。

表2-2 常见药用黄连原植物分类检索表

1 叶掌状3全裂。

2 叶片广卵形；花白色 ……………………………**日本黄连*Coptis japensis* Makino.**

2 叶片卵状三角形或狭卵状三角形，花黄色。

3 叶片狭卵形或披针形，中全裂片比侧全裂片长3～3.5倍；萼片线形；花瓣狭线形，长为萼片的1/2左右（四川西部）……………………………………

………………………………… **峨眉野连*C. omeiensis*（Chen）C. Y. Cheng**

3 叶片卵状三角形，中全裂片比侧全裂片稍长；萼片长椭圆状卵形；花瓣非狭线形。

4 花瓣椭圆形；叶全裂片的羽状深裂片间的距离稀疏（云南、西藏东南）……………………………………………………………云南黄连*C. teeta* **Wall.**

4 花瓣线形、狭披针形成披针形。

5 叶全裂片上的羽状深裂片间的距离稀疏，相距2～6mm；外轮雄蕊比花瓣稍短或近等长。

6 萼片长9～12.5mm，比花瓣长1倍或近1倍（重庆、四川、贵州、湖南、湖北、陕西）……………………………………**黄连*C. chinensis* Franch.**

6 萼片长约6.5mm，仅比花瓣长1/3～1/5（广西、广东、福建、浙江、安徽）………**短萼黄连*C. chinensis* var. *brevisepala* W. T. Wang et Hsiao**

5 叶全裂片上的羽状深裂片彼此邻接或近邻接，裂片近三角形；雄蕊短，长为花瓣长度的1/2左右（四川西部）………………………………………………………………………………**三角叶黄连*C. deltoidea* C. Y. Cheng et Hsiao**

1 叶掌状5全裂。

7 根状茎粗壮；叶片较大，宽5.5～12cm，中全裂片羽状深裂，顶端渐尖或长渐尖（云南东南）…………………………**五裂黄连*C. quinquesecta* W. T. Wang**

7 根状茎细；叶片较小，宽2～6cm，中全裂片3浅裂，顶端急尖（台湾）……………………………………………………………**五叶黄连*C. quinquefolia* Miq.**

黄连（味连）野生居群十分少见，仅在重庆市金佛山、巫溪尖山，湖北神农架，甘肃太行山、贵州梵净山等局部地区发现少量野生的黄连。目前，全国黄连药材均来自于栽培品，味连为黄连药材的主流。三角叶黄连分布狭窄，无性繁殖限制野生居群发展，因而野生种群也难觅踪迹。在四川洪雅一带有栽培，雅连在药材市场难觅。峨眉黄连只限于四川峨眉山，当地建立保护区。

云南黄连野生居群仅分布在云南北部贡山县高黎贡山西坡，人为活动很少的独龙江等地区和南部西坡的腾冲县西北部中缅边界两侧的狭小区域，居群小而分散，整体数量已很少，而当地少数民族因经济目的而引种在混农林生态系统中的云南黄连野生栽培居群在100多年间却得到了一定程度的保护。

短萼黄连虽然分布区域广，但由于过度采挖，数量已急剧减少，甚至从一些分布区消失。在安徽休宁、太平及歙县等地已无分布。在黄山自然保护区和清凉峰自然保护区内，短萼黄连保护较好，种群相对较大。而在保护区外，短萼黄连则难以见到。

第二节　黄连植物形态

毛茛科黄连属植物主要分布于北半球温带，我国境内分布在东经97°～122°，北纬22°～33°区域，海拔1000～1800m，集中分布在西南和中南地区的山地丘陵。我国黄连药材产量居世界首位；此外日本有少量栽培，印度、缅甸、西欧、北美有少量分布。

我国历版《中国药典》收载的黄连（*Coptis chinensis* Franch.）、三角叶黄连（*Coptis deltoidea* C. Y. Cheng et Hsiao）、云南黄连（*Coptis teeta* Wall.）3种，由于黄连资源日益减少或因部分地区药用习惯等故，目前各地尚有同科多种植物作黄连入药使用，常见药用黄连原植物有7种。

一、黄连植物形态

黄连（*Coptis chinensis* Franch.）为毛茛科多年生草本植物，株高15～25cm。根状茎黄色，常分枝，呈簇状或束状，并密生多数须根。叶基生，具长柄，无毛；叶片卵状三角形，坚纸质（老叶略带革质）；叶面绿色，有光泽；3全裂，中央全裂片卵状菱形，长3～8cm，宽2～4cm，顶端急尖，具长0.8～1.8cm的细柄，3或5对羽状深裂，在下面分裂最深，深裂片彼此相距2～6mm，边缘具锐锯齿，侧全裂片具长1.5～5mm的柄，斜卵形，比中央全裂片短，不等2深裂，两面的叶脉隆起，除表面沿脉被短柔毛外，其余无毛；叶柄长12～25cm，无毛。花葶数枝，高12～25cm；二歧或多歧聚伞花序顶生；花3～8朵，白绿色或黄色；苞片披针形，3或5羽状深裂；花小，萼片5，黄绿色，狭卵形，长9～12.5mm，宽2～3mm；花瓣线形或线状披针形，长5～7mm，顶端渐尖，中央有蜜槽；雄蕊约20，花药长约

lmm，花丝长2～5mm；心皮8～12，离生；花柱微外弯。聚合蓇葖果6～12枚，蓇葖果长6～8mm，有细柄，柄约与果等长；每个蓇葖果有种子8～12粒，种子长椭圆形，长约2mm，宽约0.8mm，褐色或黑褐色。花期2～3月，果期4～6月。（图2-1）

图2-1　黄连植物图

二、三角叶黄连植物形态

三角叶黄连（*Coptis deltoidea* C. Y. Cheng et Hsiao）植物形态与黄连基本相似，主要特征为植株稍高于味连。根状茎不分枝或少分枝，节膨大，节间明显而较细（俗称之为“过桥”或“过江枝”），密生多数细根，具横走的匍匐茎。匍匐茎细长，从根茎节上侧向抽生，每株2～20枝，枝顶具复叶1片或数片，有膨大的芽苞，触地能生根发叶并生成新株。叶丛生，柄长7～17cm，无毛；叶革质，深绿色，卵形，长达16cm，宽达15cm，3全裂，裂片均具明显的柄。花葶1～2条，比叶稍长，长15～20cm；顶生圆锥聚伞花序，有花3～9朵，淡绿色；苞片线状披针形，花萼狭卵形，黄绿色，长8～12.5mm，宽2～2.5mm，顶端渐尖；花瓣约10枚，近披针形，长3～6mm，宽0.7～lmm，顶端渐尖，中部微变宽，具蜜槽；雄蕊约20，长仅为花瓣长的1/2左右；花药黄色，花丝狭线形；心皮9～12，花柱微弯。聚合蓇葖果6～12枚，长圆状卵形，长6～7mm，被微柔毛。3～4月开花，4～6月结果；但花多不孕，果实中罕有种子。（图2-2）

图2-2　三角叶黄连图

三、云南黄连植物形态

云南黄连（*Coptis teeta* Wall.），植物形态与味连基本相似，主要特征为植株稍低于味连。根状茎较少分枝，节间密，常为单枝，表面粗糙，黄褐色，须根多细长，且走茎。叶基生，有长柄；叶片三角形，长6～12cm，宽5～9cm，3全裂，边缘有锯齿；中央裂片卵状菱形，宽3～6cm，基部有长达1.4cm的细柄，顶端长渐尖，羽状深裂3～6对，小裂片彼此的距离稀疏。花葶1～2条，在果期时高15～25cm；多歧聚伞花序，具3～5朵花，淡黄绿色；苞片椭圆形，三深裂或羽状深裂；萼片黄绿色，椭圆形，长7.5～8mm，宽2.5～3mm；花瓣匙形或卵状匙形，长4.5～6mm，宽0.8～1mm，顶端圆或钝，中部以下变狭成为细长的爪，中央有蜜槽；花药长约0.8mm，花丝长2～2.5mm；心皮8～15，花柱外弯。聚合蓇葖果排列果柄顶端，具微毛，种子细小，果长7～9mm，宽3～4mm。（图2–3）

图2–3　云南黄连

四、峨眉野连植物形态

峨眉野连［*Coptis omeiensis*（Chen）C. Y. Cheng］根状茎黄色，圆柱形，极少分歧，节间短。叶具长柄；叶片稍革质，轮廓披针形或窄卵形，长6～16cm，宽3.5～6.3cm，3全裂，中央全裂片菱状披针形，长5.5～15cm，宽2.2～5.5cm，顶端渐尖至长渐尖，基部有长0.5～2cm的细柄，7～10对羽状深裂，侧全裂片长仅为中央全裂片的1/3～1/4，斜卵形，不等2深裂或近2全裂，两面的叶脉均隆起，除表面沿脉被微柔毛外，其他部分无毛；叶柄长5～14cm，无毛。花葶通常单一，直立，高15～27cm；花序为多歧聚伞花序，最下面2条花梗常成对着生；苞片披针形，边缘具栉齿状细齿；花梗长达2.2cm；萼片黄绿色，狭披针形，长7.5～10mm，宽0.7～1.2mm，顶端渐尖；花瓣9～12，线状披针形，长约为萼片的1/2，中央有蜜槽；雄蕊16～32，花药黄色，花丝长约4mm；心皮9～14。果实长5～6mm，宽约3mm；种子3～4粒，黄褐色，长椭圆形，长约1.8mm，宽约0.6mm，宽约0.6mm，光滑。2～3月开花，4～7月结果。（图2-4）

图2-4　峨眉野连

五、五裂黄连植物形态

五裂黄连（*Coptis quinquesecta* W. T. Wang）根状茎黄色，具多数须根。叶

5～6片；叶片近革质，卵形，长7～15.5cm，宽5.5～12cm，5全裂，中央全裂片菱状椭圆形至菱状披针形，长5.5～12cm，宽2.8～5cm，顶端渐尖至长渐尖，羽状浅裂或深裂，边缘具极尖的锐锯齿；侧全裂片形状似中央全裂片，但较小，长4.5～10cm；最外面的全裂片斜卵形至斜卵状椭圆形，长2.8～7cm，顶端渐尖或急尖，不等的2中裂或2深裂，两面的叶脉隆起，除表面沿脉被短柔毛外，其余均无毛；叶柄长13.5～25cm，无毛。花葶在果期时较最长叶稍短，长23～28cm；多歧聚伞花序，生花约6朵；下部苞片轮廓长圆形，中部三裂或几栉形，长约1.4cm，宽3～5mm，上部苞片披针状线形，具尖锯齿，长6～7mm，宽约1.5mm。聚合果稀疏；果梗长2.3～7mm，无毛；果长圆状卵形，长约6mm。约5月结果。

六、五叶黄连植物形态

五叶黄连（*Coptis quinquefolia* Miq.）根状茎短，密生多数须根。叶多数，全部基生；叶片稍带革质，轮廓五角形，长2～5cm，宽2～6cm，5全裂；中央全裂片楔状菱形，长1.8～3.5cm，宽0.9～2cm，顶端急尖，基部楔形，无柄或近无柄，3浅裂，边缘具带细尖的锐锯齿；侧全裂片似中央全裂片，但略小，长1.5～3cm，最外面的全裂片斜卵形，长1～2.5cm，2浅裂，除表面叶脉被微柔毛外，其余部分均无毛；叶柄长2～13cm，无毛。花葶1～3条，直立，高

5～28cm；花单生或为单歧或二歧聚伞花序；苞片披针形，边缘具锐锯齿；萼片椭圆形至倒卵状椭圆形，长4.5～8mm，宽2.8～5mm，顶端圆或钝形；花瓣5，小，匙形，长1.6～3mm，下部渐狭成爪，中央有蜜槽；雄蕊约20；心皮10～12，具柄，花柱微弯。成熟果长圆状卵形，长4～5mm，宽2～2.5mm；种子5～6粒，长椭圆球形，长约1.5mm，褐色。3～4月开花，4月开始结果。

七、短萼黄连植物形态

短萼黄连（*Coptis chinensis* var. *brevisepala* W. T. Wang et Hsiao）根状茎黄色，常分枝，密生多数须根。叶有长柄；叶片稍带革质，卵状三角形，宽达10cm，3全裂，中央裂片卵状菱形，长3～8cm，宽2～4cm，顶端急尖，具长0.8～1.8cm的细柄，3或5对羽状深裂，边缘具细刺齿；侧全裂片具长1.5～5mm的柄，斜卵形，较短，不等2深裂；叶柄长5～12cm。2～3月开花，花葶1～2条，高10～12cm，二歧或多歧聚伞花序，有2～8朵花；萼片长约6.5mm，长椭圆状卵形；花瓣线形或线状披针形。蓇葖果长4～5mm。（图2-5）

图2-5　短萼黄连植物

八、日本黄连植物形态

日本黄连（*Coptis japensis* Makino.）为多年生草本植物，根茎短且肥厚，黄色，具多数须根；叶基生，三出复叶，具长柄，小叶长2～5cm，先端尖，广卵形，具不整齐的叶齿；花白色，2～3个互生，萼片披针形，花瓣线形，5～6个，具多数雄蕊，蓇葖果长约1cm，数个至十数个呈轮状排列。该种从日本引种，重庆石柱、湖北利川有人种植，多作观赏，少作药用。本种有二个变型，一种为芹叶型，一种为细叶型。（图2–6）

图2–6　日本黄连植物图

第三节　黄连的地理分布与适应区

我国黄连主要分布于重庆、四川、湖北、陕西等地，目前主要依靠栽培生产。三角叶黄连栽培于四川；峨眉野连分布于四川；云南黄连分布于云南、西藏昌都地区，云南有栽培；味连主产重庆，湖北、陕西（平利）亦产；雅连主产四川；野黄连主产四川。

黄连商品因原植物与产地的不同，大致可分如下几种：①味连，主产重庆，湖北、陕西（平利）亦产。②雅连，主产四川（峨眉、洪雅）。③野黄连，主产四川（峨眉、洪雅、峨边）。④云连，主产云南（德钦、维西、腾冲、碧江）。目前中国黄连分布约在东经97°～122°，北纬22°～38°区域。北限日本黄连偏南约3°，主要集中于西南和中南山区。

一、黄连地理分布

按自然地理分布和黄连的种类，我国黄连分布主要有“味连区”“雅连区”“云连区”“土连区”四大产区。

（一）味连区

本产区主要分布区域为重庆盆地边缘；其由北起的大巴山，连巫山，经湘、黔伸入渝南的武陵山和大小娄山，西及大小凉山、邛崃山、岷山和陇南山等地，以及与之相毗邻的陇南、陕南、鄂西北、湘西、黔北等地组成。以栽培味连为主，其产量约占全国黄连总产量的95%以上。此外，在本产区尚有野生的味连、雅连、短萼黄连、古蔺野连及爪萼黄连等零星分布。

味连主要分布于重庆、湖北、湖南、陕西、贵州等省市。主产于重庆的石柱、开州、巫溪、巫山、城口、南川、武隆、江津等地；四川的峨眉、洪雅、峨边、彭县、金口河、乐山、邛崃、彭州等地；湖北的利川、恩施、来凤、咸丰、宣恩、建始、鹤峰、竹山、竹溪、房县、神农架等地；湖南的桑植、龙山等地；陕西的镇坪、平利、宁强、洋县等地；贵州的道真、黔西、铜仁梵净山、正安、施秉等地。

重庆市的石柱县及湖北省利川市等地的味连，是最为著名的道地药材，这两地素有“黄连之乡”的誉称。位于长江南岸的石柱、武隆、南川、利川、来凤、恩施、建始、宜思、巴东等地栽培的味连，称之为“南岸连”；位于长江北岸的城口、巫溪、巫山、房县、巴东、竹溪、秭归等地栽培的称之为“北岸连”。据《巫溪县志》（民国版）记载：“连形如鸡爪，故名鸡爪连……种过之山，土性已寒，不利别植，待过数年，土性稍复，仍可种连。”从此则见黄连悠久栽培史。据记载，清代以后，黄连种植规模逐步扩大，至民国，生产已初具规模，如1936年产黄连达100吨，1943年增至180吨，1947年为130吨。新中国成立后，在发展黄连生产上，国家给予了政策、资金、技术等方面的大力扶持，有力地促进了黄连生产，使其出现了持续发展的可喜局面。味连带以栽培为主，其产量约占黄连区的95%以上，是我国黄连产量最集中的地带。

（二）雅连区

三角叶黄连（雅连）带分布较为狭窄，主要分布于四川西南部，即峨眉、洪雅、峨边、马边、金口河、雅安、雷波等地。特别是峨眉与洪雅，素有“雅连之乡”的美称。据记载，早在1740年雅连就已有栽培，当时种植于峨眉山龙池、净水等乡和洪雅县的张村、高庙、炳灵等乡；1949年前，年产量约20～30吨。雅连带以野生为主，并有味连的引种。雅连因产量低、复种年限达15年以上，因而种植量较少。现洪雅县正在开展雅连的保护性栽培。

（三）云连区

本产区主要分布区域为滇藏边缘山地；其由滇南至滇西北，西藏东南山地组成。以野生云南黄连为主，亦于高山林下栽培。本产区也是我国尚存野生黄连产量最高的地区，约占全国黄连总产量的5%左右。本产区内尚有野生五裂黄连的分布及味连的引种栽培。云连主要分布于云南西北部及西藏东南部，主产于云南的福贡、泸水、德钦、碧江、贡山、腾冲、云龙等地，以及西藏的察偶等地。

（四）土连区

本产区主要分布区域为除上述产区外长江以南的其他产连区。短萼黄连为土黄连的主流品种，主要分布于安徽皖南、浙江、江西井冈山等地。本产区土黄连以野生为主，亦有试种，另在本区也有味连的引种栽培。

二、黄连药材区划

经全国中药资源普查与中药区划研究认为，味连的适宜生长范围包括：重庆市的石柱、黔江、彭水、巫溪、城口、巫山、云阳、奉节、武隆、南川、开县、丰都、酉阳、江津等地；四川省的峨眉、洪雅、峨边、彭州、金口河、乐山等地；湖北省的利川、建始、恩施、咸丰、来风、宣恩、鹤峰、巴东、神农架、房县、竹山、竹溪、秭归、长阳、五峰、兴山等地；湖南省的桑植、龙山等地；陕西省的镇坪、平利、宁强、洋县等地；贵州省的道真、黔西、清江（梵净山）、正安、施秉等地。雅连适宜在重庆的峨眉、洪雅、峨边、马边、金口河、雅安等地发展。云连适宜在云南省的福贡、泸水、德钦、碧江、贡山、腾冲、云龙、兰坪、剑川及西藏自治区的察偶等地发展。

柳鑫等人开展基于MaxEnt和ArcGIS的黄连生长适宜性区划研究，认为海拔、9月降水量以及2月降水量等7个生态因子是影响黄连生长的主要生态因子，在一定范围内，降雨量及海拔的升高有利于黄连总生物碱的积累。研究结果认为：重庆石柱、武隆、巫溪，湖北利川、恩施等地为最佳适宜区，该地区多为高海拔，有利于保证黄连的质量。四川省峨眉、彭州，陕西省安康，湖北省竹溪等地为适宜区。

第3章

黄连栽培历史及现状

第一节　黄连栽培历史

一、味连栽培历史

历史上对于黄连的记载出现较早，人工栽培黄连始于唐朝，但当时的栽培技术比较简单。到了明清时栽培技术已有了较大的发展，有较完整的栽培技术。《宋史志》42卷26页记载："施州下清江郡……贡黄连。"四川《蓥经县志》(1754～1755年)则载："明时由县贡（黄连）八百五十斤，斤给官价银六分，穷民破家荡产，岁莫能供……明社即屋，清袭其旧。至乾隆中……而穷民觅利采挖，黄连殆尽，远不能多得。"在这种情况下，便开始了黄连人工栽培。光绪十七年《利川县志》载："黄连邑产最多，以鸡脚者良。"重庆巫溪县志（1884～1885年）记载："黄连产荒山老林，野人匀山地种子，借密枝作矮棚，去地不过三尺，以蔽风日，每年上土菠草亦须枢楼以人，凡七年连始成，极阴之气，所以苦寒也，连形如鸡爪，故名鸡爪连，药贾收贩下江获利甚厚，野人所沾不及什一，仅偿其辛苦之值，种过之山，土性已寒，不利别值，待过数年，土性稍复，仍可种连。"又据《洪雅县志》记载："至今市易之连则择阴山开垦荒地，取其秧栽植，上复竹木，枝叶荫之，不令见日，三年后收，山中人每借以为业云。"至今还有很多地方采用这种栽培方法生产黄连。

清嘉庆年间的《洪雅县志》卷二十五中记载："黄连出瓦屋深山中，雀卸实落峻崖间丛生，积百年或数十年，根如鸡距，故谓之鸡爪连，其色如墨，入水始成黄汁。然一枝八九茎，重至二三两者难得。人往往以小枝联合伪之。采之者裹粮负绳，露宿穴居。望其山有黄连者，必光润。倚古木藤以绳系身，攀援而取。第中多毒蛇，采之者因性命以之也。至今市易之连，则择阴山开垦荒土，取其苗栽植，上覆木竹枝叶荫之，不令见日，三年后收，山中人每借以为业云。"这是黄连在瓦屋山区洪雅县的栽培记录。民国时期陈仁山的《药物出产辨》（1930年）所载："川黄连产于雅州（今四川洪雅县）及峨眉山等处。"

据《洪雅县志》1997年版记载："民国时期，张村、高庙一带都以种植黄连为生。据民国28年（1939年）黄连年产2500千克，民国29年黄连年产5吨，种植农户120户，1949年年产仅1000千克。1956年，洪雅县召开第一次中药材生产代表会后，于1958年将高庙黑林村和张村黑山村的药农组成黄连种植场。1962年成立国营黄连种植场，高庙镇另有6个生产队也种有黄连。1964年黄连场派人到石柱县学习味连种植技术，带回种子60千克试种，第二年又派高庙、竹箐农民12人去石柱学习味连种植技术，味连在县内海拔800～1000m的地带广泛种植，1971年味连纳入国家计划，味连种植面积超过雅连，成为黄连主要品种，1978年黄连产量达29吨，种植面积达3122亩，截至1992年，种植黄连面积2510亩，雅连5亩，当年收购黄连16 010千克，雅连1200千克。"

清代末年，川黄连的野生变家种已成规模，祁州药市上川帮入市交易的川货，已有相当数量的家种黄连，家种黄连以其条匀、色泽鲜亮而为顾客所钟爱。20世纪20～30年代家连产量已达100～200吨，市场货源虽盈缺互现，价格亦在波动中健康前行。据民国十六（1927年）年资料显示，当时黄连每千克24～28元（银元）价属稳定。据记载，清代以后，黄连种植规模逐步扩大，至民国，生产则已初具规模，如1936年产黄连达100吨，1943年增至180吨，1947年为130吨，并有大量出口。

1955～1956年，湖北利川先后建立了国营福宝山药材场和谋道三合药材场（集体）。20世纪50年代至70年代，利川市为国家商贸部、供销合作总社指令计划种植、调拨黄连基地。

1949年后，中医药事业长足发展，年需求量随之上升，因当年国民经济困难，加上产区多为贫困山区，人们多种粮食少种药，100～150吨的年产量使黄连市场货源十分紧缺，当时为发展黄连生产，国家为黄连定价19元/千克，与板蓝根每千克0.8～1元的定价比较，在当时药价中算得上高位，但黄连生产却无法满足市场需求。20世纪70年代，国家扶持黄连生产实行奖售制度，定额奖售粮食与化肥，黄连种植逐年增加，至1980年产量首逾800吨，亩产量提高。据1983年全国黄连会议资料，全国亩产量为50千克，石柱亩产90千克，陕西亩产19.35千克。

20世纪80年代以前，黄连（味连）主产区在成都西部平原大邑、灌州及东部山区与湖北、湖南接壤的四川万州、开县、石柱、南川及湖北利川、湖南龙山一带，年在地面积约1万～2万亩，年起地面积不过数千亩，黄连一直处于供不应求的状况。改革开放以来，由于黄连的价高、畅销，老产区种植面积连年扩大，至20世纪80年代末，造成黄连的在地面积高达3万～4万亩。随市场开放，黄连年需求很快上升至1000吨，黄连价格随之上浮为44元/千克，这在当时农民种植黄连每亩地的收益近万元，要超出种粮数十倍，老产区的种植渐向周边扩散。黄连种植由石柱、峨眉、洪雅、巫溪、城口等少数县扩大到南川、武隆、江津、开县、彭州、沙湾、北川等50多个县（市、区）；湖北1971年开展黄连东移，产地由利川、来凤、恩施等县扩大到五峰、南樟、红安、罗田、浠水等20多个县、市。

1985年黄连市价升至60元/千克，种植面积大增，每年1500～2000吨的产量使黄连积压日渐严重，至1989年四年间黄连积压库存达2000～3000吨。黄连的大量积压，使价格落至20元/千克，十年的低价位运行，使栽培面积大幅缩减，回到传统的种植规模，年在地面积万亩左右。自1999年始黄连价格一度攀升至280元/千克，并在高于100元/千克的价位上持续五年有余，刺激了产区农民种植黄连的积极性，一股种植黄连的热潮席卷成都西部平原，重庆东部山区及湖北西部山区，并迅速向周边蔓延，以至四川南部山区、贵州北部、湖南龙山周边，陕西南部山区，到处兴起一股黄连热，据悉成都西部平原以大邑县中心，灌江市、崇州市、雅连的主产区洪雅、峨眉等地在地面积不下万亩。万州、开县产区在地面积也在2万～3万亩之间，南面的石柱县在地面积为4万亩，湖北竹溪、竹山一带在地面积达2万亩，西南的利川及周边各县在地面积不下5万亩，加上湖南龙山及周边地区，川南、贵州、陕南各县在地面积总计亦不下一主产区，约为1万～2万亩之间。据估计，2005年主次产区总计约有14万～15万亩的在地面积。粗略估计从2004～2010年每年的产量均在6000～7000吨之间，使2004年以后黄连一直在30～40元/千克的低价位运行。

据《洪雅县志（1993～2004）》记载："1993年，洪雅县草本中药材在地面积1.32万亩，黄连占87%。2001年，黄连市场价格上升，种植面积不断扩大，2004年，黄连种植面积在1万多亩，每年起挖黄连约2000亩左右，产成品黄连200吨以上，收入2000万元，每亩平均收入1.33万元。"

在1980年以前的计划经济年代，黄连紧俏时，连黄连叶、黄连须都作为黄连的替代品用于临床配方使用。新中国成立后由于黄连栽培产业的迅速发展，砍伐了大量的森林，而森林恢复得很慢。至20世纪60年代在一些黄连的主产区，如重庆的石柱和湖北的利川，已很难在近山处找到成片的森林可栽黄连。这种栽连方法已经明显阻碍了黄连产业的发展，同时生态环境也受到严重破坏，造成大量的水土流失。于是科研人员开始开展林下栽连、简易棚栽连、玉米黄连套作、石柱棚栽连以及连作和轮作等管理措施。过去种植黄连采用的是传统桩棚法，因黄连怕高温，忌艳阳直接照射，一般在林地伐树留桩搭建遮阳棚，这也是影响产区种植面积大幅上升的直接原因，且该方法产量低，移植后三年产量不过100～200千克。80年代开始，产区推广林连间作法、粮连间作法，在林间隙地栽种黄连，不再伐树建棚；在高秆作物行间栽植黄连，利用高秆作物遮阳、猪牛粪肥田，新技术为黄连大面积扩种创造了条件，大量追施农家肥使黄连单产大幅度提升，四年定植的黄连亩产最高可达400千克，四川最低为20～30千克。据黄正方《中国黄连栽培学》记载，20世纪90年代初，石柱黄连亩产全国最高，平均亩产150千克，石柱黄连总公司达200千克以上，彭州与洪雅平均为100～120千克，南川江津为50～70千克（全川平均水平）。经过多年的试验研究和推广应用，黄连的栽培技术已基本成熟，并逐渐进行改进和完善，近年来这种砍林栽连的落后栽培技术，已逐渐被以上新技术，特别是被人工培育林木栽连所代替。这样既不破坏森林，又培育了黄连，保护了生态平衡，避免或减少了水土流失，使黄连产业得以持续稳定发展。

二、雅连栽培历史

明代李时珍所著《本草纲目》指出：“黄连……惟以雅州、眉州为良。”明嘉靖年间编纂的《洪雅县志》中有“多黄连”“产瓦屋诸山”的记载。清乾隆五年（1740年）重新收集增补的《峨眉县志》记述：“黄连梗细内实者曰岩连，多产穹岩绝险处，采集者腰绳上下，绳绝则殒，今亦采尽矣。”清嘉庆十八年（1813年）《洪雅县志》和光绪十年《洪雅续志》上均记载：“黄连出瓦屋诸山，家种者三年一收。”李时珍在《本草纲目》黄连中说：“黄连今虽吴蜀皆有，惟以雅州、眉州者为良。大抵有两种，一种根粗无毛，有珠，如鹰爪形而坚实，色淡黄；一种无珠，多毛而中虚，色黄稍淡。各有所宜。”所述两种黄连前者为味连，后者为雅连。雅州，即今四川雅安市，眉州即四川的眉州市。洪雅隶属眉州市管辖，与雅安接壤，可见洪雅黄连品质。据洪雅县记载，洪雅产的黄连产品在明、清两代就作为“贡品”上进朝廷。

《嘉州府志》记载，“黄连出四川峨眉县，其产连之地有小蛇尺许”，黄连为当地的土贡药材。另据邻近的《荥经县志》称，明、清两代采挖之风盛行，“穷民觅利采挖，黄连殆尽……斤价四五十两不等”，以致“取者日加多，出者不能续……幸者偶然获一、二，否则终日挈空器”，当时该县县贡达425千克之多。

雅连为无性繁殖，生长慢而单产低，生产条件较艰苦，劳动强度大，产区自引种味连以来，药农因而纷纷转产，使雅连生产逐年下降。例如，峨眉、洪雅两个生产区，1971年雅连种植面积1800亩，当年产量6.5万千克，1983年下降到900亩，产量46 000千克。20世纪80年代以前四川省每年种植1000亩左右，最多时可达1500亩，年总产量约20 000千克，平均亩产20千克。随后雅连种植面积逐年减少，到1989年仅有300多亩，20世纪90年代种植很少，四川省最多还有在地雅连500亩左右，年产量在1000千克以下。现在，在峨眉、洪雅等地雅连种植面积不足20亩，成了有价无市的产品。

雅连生长发育对海拔的要求较严，一般分布在海拔1400～2500m的高山区，最佳生长海拔为1700～2000m。海拔1400m以下栽培的雅连根茎组织较松软，植株易早衰。海拔800m以下地区栽培因夏炎热，植株不能安全越夏。在海拔2000m以上高寒山区栽培，植株生长缓慢、年限长，需五年才能收获。由于雅连连作障碍极为严重，凡种过雅连之地10年内不能再种，否则烂根，加之产量低，因而当地种植积极性不高。

三、云连栽培历史

怒江州云黄连贮量居全国首位，占总贮量的40%，其中，以福贡县云黄连贮藏量大，占全省云黄连总贮量的56.5%。怒江引种驯化云黄连历史悠久，早在120年前，福贡县上帕镇施底村贾氏兄弟从缅甸挖野生黄连引种到福贡上帕栽培。20世纪30年代编纂的《纂修云南上帕沿边志》载："帕属黄连产于碧罗、高黎两大雪山之上，为本属重要药材，行销内地，在昔概系野产，嗣因怒傈采取者多，至令野产尽绝……择林木深处群地栽种，近日逐渐推广，愈种愈多，将来普遍种植，则怒傈生计，翅足可以立而待也。"《征集菖蒲桶沿边志》载："黄连产于高黎、茶开两大雪山，行销内地，系凉性药材，概系野产，价昂收厚，采取者多，现已减小，每年约1千斤…年代愈久根愈大，价值尤昂。可以人工栽种，将来如有成效，亦可补助生计。"1949年后，由于提高了收购价格，怒江州云南黄连收购量于1954年创历史最高水平，达25 634千克（除缅甸流入16 000千克外），使当地森林资源受到极大破坏，连缅甸一侧也不能幸免，加之乱砍滥伐，破坏了云南黄连赖以生存的森林环境。1974年整个怒江州仅收购2639千克，为历史最低。改革开放以后，种植逐渐得到恢复，到1986年又达一个高峰，全州种植2128.33hm^2，居全省药材生产基地种植面积第2位，实际产量14 359千克，国营药材公司、合作社收购12 250千克。1940～1986年碧江、福贡县种植云黄连已达1万亩左右，由于云黄连种植成本高，产量低，价格不稳，药农种植积极性不高，致使云黄连种植面积锐减。

四、石柱黄连栽培历史

石柱人工栽培黄连始于元末明初（约1360年）。根据石柱县志记载：唐天宝元年（742年），石柱曾"上贡黄连十斤，木药子百粒"。现知最早记载，《太平寰宇记》（卷一百四十九）载："忠州领五县：临江、丰都、垫江、南宾、桂溪，土产苦药子、黄连。"时州领五县，唯南宾县（即现在的石柱）能产黄连。说明石柱县在公元742年以前就盛产黄连，并且已经作为贡品进贡了。

据四川方志记载，石柱人工栽培黄连，约始于元末明初。明初，石柱黄水坝、双河口（今枫木乡）一带农户即以种植黄连养家糊口。明代中期，黄连的栽培加工技术已日趋完善。明代后期，石柱黄水坝场已成为黄连集散地，重庆、万县、武汉、江西等地药商纷至沓来。清乾隆四十年（1775年）《石柱厅志》记："药味广产，黄连尤多，贾客往来，络绎不绝，然皆土人所蓄，历三五载出地，致数岁者为久，贩之四方，亦曰川连。"道光二十二年（1842年）《补辑石柱厅新志》记载："黄连产最多，性与雅连相若。"宣统元年（1909年）《石柱厅乡土志》记述："黄连为厅境大利，数产黄水、双河口等处，一年种子，一年支棚，栽苗越六七年，后者为佳，茎高数寸，叶作细棱，头分数种，有鸡爪、味连、金钩之别，性与雅连相似。"

据实地考察，在黄水镇大风堡和曹家大梁的深山密林里，发现多处房屋遗址、连棚迹地和烘炕废墟。据老一辈连农传说，参考科技人员对连棚迹地复生树木年轮判断，证明石柱早在三四百年前已采用"搭棚遮阴，挖坑炕连"的黄连生产和加工技术；石柱栽种黄连，清光绪年间年产量已达1000担。在民国时期大概年产约100～1000担。民国十五年至二十二年（1926～1933年）黄连生产最旺，最高年产量达4000余担。其后，各年产量消长变化较大。据《石柱县医药志》（1988年版）载："民国二十三年（1934年）产连2000余担，民国二十七年（1938年）产连1900担，民国三十年（1941年）产连1120担，民国三十一年（1942年）产连1686担，民国三十三年（1944年）产连2900担，民国三十五年（1946年）产连2500担。民国三十八年（1949年）全县仅栽连133.3亩，在地黄连2286亩，产连1550担。”

石柱黄连局的资料记载：“1949年全县有黄水、双河、冷水等八个乡，在地黄连1.6亿株（约折每亩7万株），当年产量77.5吨。”1952年石柱黄连产量上升为80吨；1957年为50吨；1962年为34吨；1984年总产700吨（全国1500吨），达四川省的90%，川黄连在地面积达10万亩，总产为1200吨，占全国56.3%；1984年湖北黄连在地面积2.3万亩，总产180吨。由于国家的扶持，黄连发展比较稳定。1985年石柱“黄水”黄连被编入《中国土特名产辞典》、《中国的世界之最》。

在《四川植被》区划中，石柱黄水属“盆边东南部中山植被地区”，“本地区开垦历史较长，人为活动较强……森林覆盖率低，为四川盆地边缘山地中森林面积最少者”。抗日战争末期《新华日报社名文摘抄》载《今非昔比之黄水坝》：“过去，每年约有二三千担黄连出口。”可见盛时规模之巨。

黄连历来为我国内销和出口的大宗药材，经济价值高。历史上每担黄连价值最高时可兑换大米13 500斤，食盐4650斤，桐油3846斤，棉布500市尺。1958年至1960年，在国际市场上，每吨黄连可兑换化肥500吨。以1985年市价计，每吨黄连（统货）可兑换大米3500～4000千克，玉米7000～8500千克，桐油7500千克，棉布5600尺。按目前一般亩产和平均价格计，种植一亩黄连可创产值6000～8000元，利润4000～6000元。在国际市场上，石柱黄连销价居上。20世纪70年代，每吨（统货）值6万美元，可兑换钢材4000吨，80年代初每吨（精连）售价高达20万美元。20世纪60年代后，石柱有若干代人的经验积累，并有雄厚的科研技术力量，取得多项科研技术成果，获得稳产高产，一方面大量提供市场用药需要，另则又支援外地发展味连生产。据统计1965～1982年间，先后调出连种83.9吨，种苗3273万株，派出技术人员50多名，提供栽培技术资料3万余册，支援了26个省、市、区共345个单位发展黄连生产，现在石柱黄连的产地遍及除青、藏、津、台以外的全国各省区，并引种于朝鲜、越南栽培。

黄正方、黄葵以石柱黄连作研究基地而编著的《中国黄连栽培学》载："石柱黄连，1984年总产700吨，占全国总产量1500吨的45%，为四川全省总产量的80%。"陈震所著亦载："在湖北产区产量很低……而当时的四川黄水黄连场，抓住保苗这一关，保苗率很高，大面积平均产量都在150千克以上，最高还曾出现过392千克的高产。"这就是说石柱黄连不但总产量大，其单位面积即亩产量也是最高，为全国之冠。

郭成圩报道："解放初期，我政府曾作过一些川产黄连各地年产量的调查。大致以石柱、巫溪、城口为重点的区域，历史产量曾达15万千克，洪雅、峨眉年产约2.5万～3万千克。”产量排序以石柱为先，“所以四川黄连仍以石柱、峨眉为中心”。何宝印亦谓：“石柱黄连产量居全省第一。”又据四川方志等材料他们结论是：“石柱的栽培黄连品质优良，产量甲全国。”《四川中药志》亦载：“雅连与味连品质虽不相上下，但一般认为味连较佳。”全省产量排序石柱为各县之首。新中国建立后，1951年经川东人民行政公署批准，县人民政府投资稻谷762 275斤，借贷稻谷62 810斤，恢复和发展黄连生产。当年全县栽连1750亩，1955年连产量达2830担。1953年实行粮食统购统销后，要求连农粮食自给，连区产生“重粮轻连”，1954年全县栽连下降到843亩，1958年黄连产量下降到1700担。此后栽连和产量逐年回升。1959年开始的连续三年自然灾害中，黄连生产下降，1961年全县仅栽连292亩，1964年仅产连175担。1962年后，经过三年调整，黄连生产逐步恢复。1967年全县栽连1460亩，产连1476担。1976年全县已有45个公社、169个大队、625个生产队种植黄连，在地黄连达10 815亩，当年栽连2600亩，产连2964担。中共十一届三中全会后，黄连生产成了石柱的支柱产业之一。1980年全县栽连4500亩，产连4300担，超过了历史最高产量。1984年全县在地黄连达26 700亩，当年栽连6500亩，产连6300担。1985年全县在地黄连达3万亩，当年栽连6800亩，产连达7000担。可见，石柱黄连在历史上产量一直非常高，早在100多年前黄连产量已达1000多担，并且形成了黄连集散地和黄连市场。

新中国建立初期，石柱黄连产量居全四川首位，是全国黄连的中心产区。1955年，仅石家（含今黄水镇）、悦来、桥头、沙子4个区的黄连产量就约占全省的80%和全国的70%。1985年，全县黄连产量达7000担，占全省11 700担的59.83%和全国145 000担的48.28%。在经济效益上，1955年仅石家、悦来、沙子、桥头等15个乡的黄连收入即占全县农特产收入的59%，相当于全县粮食总产值的23%。1972年全县黄连产值为209.7万元。占农业总产值的7.77%。1977年黄连收入达全县多种经营收入的三分之一以上。1981年黄连收入占全县农业总收入的10.54%，占多种经营收入的63.1%；黄连特产税为15万元，占县财政总收入的439.7万元的3.41%，占农业税94.6万元的15.85%。1985年全县黄连总收入增加到1793万元。主产地黄水区黄连产值达1080万元。黄水乡黄连收入人均超千元；全县黄连特产税为21.5万元，占县财政总收入626.48万元的3.43%，占农业税77.85万元的27.62%。

石柱县黄连总公司（前身为石柱县黄连农场），从1958年创建开始，至1985年共27年中，利润总额为1395万元。其中，1963～1975年共13年，为全额上缴利润；1976～1978年共3年，为利润缴、留各半；1979～1985年共7年，为利润全留。上缴利润的16年，共缴412.62万元（平均25.78万元），占县财政总收入4549万元（年均284.31万元）的9.07%。其中全额上缴利润的13年，上缴342.97万元（年均26.38万元），占县财政总3522万元（年均270.92万元）的

9.74%。最高的1968年占14.43%，最低的1965年占5.84%。半额上缴利润的3年，上缴69.65万元（年均23.22万元），占县财政总收入1027万元（年均342.33万元）的6.78%。

1959年5月8日，四川省商业厅医药贸易局转卫生部（1959）卫药政业字第75号通知，由石柱摄制黄连植物和大面积生长以及田间管理之图片，于5月中旬送北京中央博物馆，7月1日正式展出，以迎接十周年国庆和作永久性陈列。1984年4月19日，中共中央总书记胡耀邦在视察湖北省利川县时说："石柱才是黄连之乡。"1985年，石柱黄连被编入《中国土特名产辞典》。1989年在"首届全国道地药材学术研讨会"上，石柱黄连被确认为"中国道地药材"。2005年1~8月，黄水黄连专业市场共交易黄连1450吨，实现交易额5800余万元，交易量占全国的71.2%，交易额居全国之冠，已经成为名副其实的黄连之乡。

目前，石柱黄连在重庆市中药研究院的技术支持下，于2004年和2009年已经分别通过国家GAP一、二次认证，获得国家原产地域（地理标志）产品保护。根据重庆市中药研究院研究结果制定的石柱黄连国家标准（GB/T20358-2006）已于2006年通过国家颁布实施。石柱黄连是我国最大的黄连GAP生产基地，建立了"中国黄连研发中心"和"石柱黄连专家大院"，建有中国最大的黄连交易市场，被誉为中国黄连交易的"晴雨表"。

五、黄连栽培研究历史

最早开展黄连栽培技术研究的单位为四川省中药研究所南川药物试验种植场，1954年开始从事黄连栽培技术研究，1963年完成此项研究工作，1978年获四川省科学大会奖。徐知常、黄正方、李代永等人进行了育苗技术、直播与育苗移栽、栽培年限、熟土栽连、低海拔栽连、精细育苗等研究，1955年研究的精细育苗的亩播量为5千克，亩育苗50万株，比粗放育苗的成苗率提高5倍。试验证明，熟土可以育苗和栽连，育苗可以进行施肥，海拔1100m地区可以栽连，改变了传统栽连在海拔1500～2500m的习惯。

1956～1957年，何宝印作了石柱黄连栽培的调查。1957～1958年，王宪楷等作了川产黄连的形态组织及小檗碱在组织中分布的研究及川产黄连中小檗碱含量与生长年限季节关系的研究。1959年，敦成圩进行了黄连史的研究。20世纪60年代初期，科研人员又作了石柱黄连根茎中生物碱的研究。主要成果：①系统地总结了石柱黄连的栽培技术；给石柱味连定了学名，即：*Coptis chinensis* Franch.；②从石柱味连中分离出小檗碱、甲基黄连碱、药根碱、一种非酸性生物碱及一种酸性生物碱；③确定了石柱味连的植物形态、根茎组织及小檗碱在根茎中的分布，比较了各生长年限根茎各部分的小檗碱含量；④确定了石柱味连根茎含黄连素（即小檗碱）5% ～8%，峨眉连3% ～3.5%。最大的成果是发现：石柱味连根茎小檗碱含量与黄连生长年限有关，增长很快，峨眉连增长很慢，确立了黄连生产应以发展石柱味连为主的论断，使味连产区由石柱迅速向全国扩展。

1958年徐锦堂赴四川、湖北等黄连产区考查，1959年开始他选择四川石柱县黄水农场、湖北利川县福宝山药材场为试验基地，开展栽培黄连的玉米和造林遮阴技术研究。1983年通过专家鉴定，1984年获国家发明三等奖。主要内容为整地后施入底肥，开5尺宽厢（畦），在厢面以株距16.5m植树。玉米苗高20～30cm时定向密植于厢两边，株距33cm，使叶能互相搭连，厢面遮阴后栽黄连。秋季玉米收获后，不挖动玉米秆，弯曲编棚遮阴，次年春重复以上述方法定植玉米，3～4年后树冠已可为黄连遮阴，不复种玉米，黄连六年收获后，可整地施基肥夏种，成为林下栽连的黄连生产基地。树高大后，荫遮度过大会影响黄连生长，秋季可修枝亮棚。树下可栽黄连5～6季，30年树木已成材。林下栽连可亩产黄连100～150千克，产量不低于旧式搭棚栽连，每年可增收玉米100～200千克，由于黄连每年要追肥管理，土壤肥沃也促进了树木生长，据测定，栽连森林地与普通同期造林地相比，活立木积蓄量高一倍，栽黄连不但不破坏森林，栽一亩黄连等于造一亩半产林，获得药、粮、林三丰收，改变了伐林栽连、破坏自然生态环境的恶性循环，保护了生态平衡。

1961年，石柱黄连农场成立黄连科研所。四川省中药研究所周继铭、邓治文等人1964年前后开展了小檗碱含量的比色测定、黄连植株干物质积累和小檗碱含量的动态变化研究，结果表明根茎小檗碱含量在9、10月份最高，在10月份采收适宜。对须根和叶的小檗碱含量进行了研究，得出须根和叶均可作为提取小檗碱的原料。

1965年四川省中药研究所南川药物试验种植场开展了黄连连作的研究，至1970年结束。研究结果表明，亩增施牛马粪6000千克或增施2500～3000千克并增种一季绿肥、施用石灰中和土壤酸性、每年进行3～4次除草、及时补苗，连作地亩产301.5千克，熟土栽连亩产377.7千克，比毁林开荒栽连的平均亩产高出100千克左右。

1964年四川省中药研究所南川药物试验种植场开展了黄连轮作技术的研究。自1964年5月起至1984年10月截止。主要协作单位为石柱中药材公司。黄连轮作技术的研究是针对落后生产方式与林业生产的尖锐矛盾，借鉴大田作物轮作的一般规律和耕作制的理论，以建立科学的轮作制解决涉及毁林的有关技术问题。经过20年的试验研究说明，黄连宜轮作不宜连作，与豆科作物和豆科绿肥作物轮作较其他作物轮作有较大的增产，且能完全克服黄连根系发育不良的弊端，土地利用周期由过去的35年缩短到7年，而且不再毁林开荒。采用轮作及其配套技术，改变了“毁林、开荒、客土”这一落后的生产方式。产品产量质量与开荒客土栽培相当，节约了木材，保护了森林生态，提高了土地利用率，固定了生产基地，节约了人力和财力，提高劳动生产率，且技术运用简便易于推广。获1985年四川省科技进步三等奖。

1969年石柱黄连农场开展了粮连套作研究。前作为萝卜，栽连期间进行玉米套作，经测产，亩产黄连185.3千克，5年产玉米620千克。

1979年4月，国家医药管理总局（现国家食品药品监督管理总局）在石柱县黄水镇召开科学种黄连技术现场会，当年11月，这里被命名为“中国黄连之乡”；1987年10月1日，在石柱黄水建成中国第一家黄连专业市场，1996年扩建成“中国黄连市场”。

1979年四川省中药研究所南川药物试验种植场开展了造林栽培黄连技术。该项技术在黄连栽培技术上实现了由毁林栽培到造林栽培这一重大突破，使黄连生产不受现有森林条件的限制，有利于建设栽培基地，能保护、恢复、发展森林资源，绿化荒山。造林栽连亩产已达160千克，比自然林栽连增产50%左右，每亩地较搭棚栽连节省木材8.7立方米，省工118个，劳动生产率提高30%，每亩纯收益增加529.87元（按6折计算）。造林栽连增产的关键是采用人工造林和科学的栽培管理技术，从而使人工林下的生态条件和土壤理化性质满足黄连生长的需要，技术较易掌握，适合我国味连产区广泛采用。1984年获四川省人民政府科技进步三等奖。

1986年四川省中药研究所南川药物试验种植场开展了黄连选种研究。为四川省中医药管理局项目，自1986年7月起至1991年8月截止。该项研究主要是利用黄连的自然变异，采用系统选择法，从群体中分离、筛选出了革质大叶、纸质大叶、肉质大叶以及革质细叶、纸质细叶、革质花叶、纸质花叶七个类型。通过对各类型的生物学特性、品种进行比较研究，选出了纸花叶为黄连优良品种。其亩产量达361.9千克，较混合群体增产32%，同时对良种开展了组织培养快速繁殖技术及良种配套技术研究，该项研究成果目前已在黄连新老产区普遍应用，社会经济效益极显著。曾先后获得四川省1992年中医药科技进步二等奖、四川省科技进步三等奖。

20世纪80年代初，四川省药物种植研究所开展了黄连生物学特性研究。主要对黄连的生态条件及各阶段生长发育规律作了系统的研究。划分了黄连生产最适区域，深入研究了黄连的营养生长特性、生殖生长特性（包括黄连的胚胎发育、花芽分化、开花结实、习性等）、不同生长年限和不同生育期小檗碱含量动态分析、不同生长条件下黄连的产量与性状间的相关分析以及自然生态条件和人工生态条件的建立与调节。生产上应用了这些研究成果，使黄连产量由每亩125千克提高到207千克，黄连质量规格也大幅度提高。在黄连产区广泛地推广应用，并取得了较好的生态效益和经济效益。先后荣获涪陵地区1992年科技进步二等奖、四川省1993年中医药科技进步三等奖、四川省科技进步三等奖和国家中医药科技进步二等奖。

自2000年开始，重庆市中药研究院承担了重庆市科委《重庆地产药材黄连规范化种植研究》。重庆市中药研究院与石柱县合作，完成了国家科技部“十五”科技攻关项目《黄连规范化种植基地建设研究》、《黄连种植生态经济系统重建关键技术研究与示范》、《黄连规模化种植关键技术优化与示范基地建设》，完成科技部攻关项目《味连规范化种植基地建设》、《黄连（味连）种质资源及评价研究》、国家支撑计划项目《黄连主要土传病无害化防控技术研究》及国家质检总局《黄连标准化研究与示范基地建设》项目。重庆市中药研究院在石柱县政府、石柱黄连总公司的配合下，开展石柱黄连的GAP规范种植技术研究，经四年的研究工作，现已基本完成了黄连的种植技术研究总结、病虫害防治、生长发育规律研究、采收期研究、黄连质量标准研究等课题内容；在石柱黄连总公司的协作下，建立了黄连种子繁育基地、黄连育苗基地、黄连规范化种植示范基地。根据国家药监局GAP验收的要求，经课题组人员和石柱黄连总公司的努力，已完成了石柱黄连的本草学、石柱黄连的物种鉴定、黄连种质资源的收集评价、黄连的生长发育规律、黄连生态适宜性评价、黄连生长土壤的特性、黄连的营养吸收与累积规律、黄连的物质代谢规律、黄连的需光特性、黄连的施肥技术、黄连病虫害发生发展学研究与防治技术、黄连田间管理技术等研究工作。根据上述GAP操作规程的研究，制定了从种源保存、种子基地建立与种源优选、病虫害防治与农药施用、肥料施用、采收加工、储藏等

GAP验收要求的各种黄连操作规程（SOP）及起草说明，筛选了防治黄连病虫害的无公害的农药。根据黄连营养生理规律和黄连生长土壤特性研究结果，研制了黄连的专用肥并申请了专利。完成了石柱黄连的质量评价研究工作，在研究中创造性地提出了黄连有效组分配比的质量控制技术和指纹图谱质量控制技术，根据石柱黄连的有效成分、重金属含量、农残测定等的评价结果，制定了切实可行的石柱黄连质量标准。

第二节　黄连生产现状

20世纪30～40年代，黄连（味连）的年产量约为100～120吨。50～60年代，中医中药迅速发展，年需量随之上升，黄连年产量常在100～150吨，货源十分紧张。当时黄连价格为每千克19元，与其他药材相比，属于较贵重的细货。70年代初，黄连产区贯彻国家发展扶持政策，实行粮食奖售，扩大种植面积，改良栽种技术，提高产量，黄连产业迅猛发展，产量由1970年年产200吨每年上升，1980年达800吨，市场供应基本满足。80年代，农村实行生产责任制，调动了药农搞副业的积极性，放开经营业以后，黄连价格由每千克30元，上涨为44元。80年代中期，以黄连为原料的中成药得到充分发展，年销量上升至近1000吨。1985年黄连价格受销量上升而攀高，每千克60多元，产区闻讯大面积扩大种植面积。1988年增产幅度较大，开始产大于销。进入90年代，中成药生产饱和，许多西药新的抗生素问世，黄连用量逐渐下降，而黄连的产量增高，如1992年年产量2160吨，1993年1730吨。超过年销量太大，商品严重积压，价格跌为每千克18～20元，连农业成本也保不住。当时产区虽有2001～2668公顷（3万～4万亩）存量，但不再新种，1995年产量已见下降。根据90年代后，平均年销量500～600吨计算，黄连存量尚可供应。经营者视黄连为“包袱”，只有贮备库收购一些，逼得产地放弃种植。1997年产量极少，留存地亩也不多，产销矛盾开始转化。1998年黄连成为市场上热销商品，价格从每千克50元向上攀升，2000年上半年，价格顶峰到达每千克180多元，终因产量不大，一度又反弹为150～160元，其中也包含着市场操作因素。黄连经3～4年高价刺激，各产地扩大种植面积。

对各主产区产量调查结果显示，重庆产黄连平均可达200千克/亩，其中以石柱黄水一带产量最高；湖北平均可达175千克/亩，其中以利川的建南一带产量最高；四川平均可达150千克/亩，陕西130千克/亩。各地黄连总产量可达1900吨左右，与总需求量1800吨总体超出不多，保证了国内外的需求。

雅连、云连由于产量低，价格虽高于味连，但亩产值较低，药农种植积极性不高。雅连、云连产区的药农多改种味连，仅有极少药农进行半野生栽培，市场交易量不大。由于味连药材量大，在不特别说明的情况，黄连也多指味连。

第三节　黄连生产经济效益

黄连（味连）生产周期为7年，其中种子育苗2年，移植生长5年。每亩可收黄连干品250千克统货，按目前（2017年6月份）均价120元/千克（全干品）计算，共30 000元。此外，移植后3、4年可收黄连种子10千克，按目前价20元/千克，共200元。花苔可作为食品加工，收入200元；叶及须根可作为畜药及提取物应用，可收入150元。总收入30 550元。

不含劳力费计算法。生产一亩黄连所需的成本：搭黄连棚费2000元；种苗需5万株，按二级苗计算需400元；第一年需用肥料费用，计200元；第二年施肥费用200元；第三年施肥费用300元；第四年300元；总支出3400元。纯收入：30550–3400=27150元。每亩每年收入5430元。

包含所有开支计算法。黄连移栽人工费640元；第一年除草4次，人工费1500元；第二年除草3次费1200元；第三年除草2次，需人工费840元；第四年除草2次，需840元；采收加工费1800元；共支出6820元。纯收入为20 330元。每亩每年收入4066元。

若对采收黄连进行精加工成为单枝连并分级，一级品占25%，每千克价150元，计9375元；二级品占35%，每千克价140元，计12250元；三级品占

25%，每千克价130元，计8125元；等外级占15%，每千克价80元，计3000元。总计32750元，增加收入2200元。除去加工费100元，实际增收1200元。

黄连价格呈周期变化，目前价格属正常水平。我们在2008年、2012年、2014年、2016年分别对全国黄连产地及市场进行多次调查，发现黄连生产存在以下几点问题：一是从业人员减少。从现从业人员来看，年龄在55～65岁人员占65%，65岁以上占26%，40～55岁人员占9%。可见从业人员多是老人，年轻人都不愿种植黄连。随着城镇化建设，越来越多年轻人在城镇就业，不愿回乡种植黄连。二是种植意愿低，现有60%以上人员表示，会不断减少种植面积，30%人员会保留现有面积，不再增加面积，10%人员会根据黄连价格行情确定增加种植面积。减少面积的主要原因是现从业人员劳力变弱。三是黄连产区转型。黄连主产区多在海拔1500m左右，是极好避暑纳凉胜地，如石柱黄连主产地黄水镇成为避暑和旅游地；湖北的福宝山黄连基地也已打造成旅游地；四川洪雅黑林黄连基地已开发为避暑胜地。这些因素直接导致原产地产业萎缩或消失。四是劳动力成本不断增高。原来从事黄连种植的人员转向服务业，因而造成黄连种植成本上升，直接导致黄连田间管理疏松、产量下降。同时，农资价格不断上升等因素推波助澜。目前黄连价格刚达到合理范围，但随着黄连种植业的不断萎缩、从业人员的减少，黄连产量下降，其价格会有缓慢攀升的行情。

第四节　黄连市场需求前景

黄连为我国常用中药材，具有清热燥湿、泻火解毒的功效。是治疗急慢性胃肠炎、胃溃疡、痈肿疮疡等病的常用药物，是清热燥湿解毒的代表药，被人们称为植物抗菌素，对引起疾病的多种细菌、真菌有较好的杀灭或抑制作用。历代医家对黄连应用较多，据不完全统计，13部宋代以前的古代方书中有3.2万多方剂，含黄连的方剂有1760个，约5%左右的方剂中有黄连。随着的我国疾病谱的变化，胃肠道疾病、糖尿病患者不断增多，以及黄连的应用范围不断拓宽，人们对黄连药材的需求也随之旺盛。

除处方用药外，黄连还是许多中成药的原料药，据《全国中成药品种目录》统计，以黄连作原料的中成药有108种。黄连上清丸、复方黄连素、香连片等以黄连为主药的中成药在市场畅销。此外，黄连可开发成降血压、血糖、血脂类药物及防治心脑血管疾病和动脉硬化药物。以黄连为主要原料的新品种中成药被不断开发，黄连产业具有广阔的市场前景。

黄连也是传统的出口商品。据国家医药、外贸部门对近年来黄连产销情况分析，市场年需求量为1800余吨。据海关统计数据，2007年1～6月出口96.446吨。主要销往日本、香港地区、台湾省、韩国，其次美国、马来西亚、泰国、德国、西班牙、英国、澳大利亚，少量销往秘鲁、葡萄牙、荷兰、捷克、越南等国家。随着国际植物药市场的持续增长和中医药不断被其他国家所承认，对黄连的需求量将会持续增加。

对黄连药效成分（如盐酸小檗碱等）的提取分离、分析鉴定、综合利用都已取得不少成果，为其深度开发和发展前景开拓了新路。例如，针对黄连及其主要有效成分小檗碱、黄连碱、巴马汀、药根碱及阿魏酸等进行的新黄连复方制剂的研究；以黄连为主药治疗糖尿病的新药开发，已进入二期临床研究阶段，新药的上市将促进市场对黄连药材的需求。此外，黄连须根、黄连叶等副产物均可作为植物抗生素，用于防治畜禽动物的病害，如兔、鸡的痢疾防治、鱼的烂皮病等。黄连类植物抗生素，除治疗疾病外，还可增强其体质，从而保证人们的食品安全。

我国黄连生产潜力很大，特别是渝鄂湘黔山地、川西南山区、秦巴山地、川滇藏南山地，适宜种植黄连的山坡面积大，种植黄连可成为贫困山区脱贫致富的重要措施，因此当地政府部门也积极支持。从以上来看，种植黄连前景看好。

第4章

黄连立地条件与生物特性

第一节　黄连立地条件

黄连的生长发育与气候、土壤、光照、温度等生态条件密切相关，这些因素直接影响黄连的生长和质量的形成。

一、海拔

从黄连（味连）的各主产区来看，纬度宜在北纬28°～30°范围内，海拔宜在1200～1800m之间，重庆石柱及湖北利川两大主产区的黄连核心产区在1500m ± 50m内。从当地不同海拔栽培情况来看，海拔过高，黄连生长减慢，生长时间延长；海拔过低（低于1200m），黄连虽然生长较快，但容易感染病害，质量不及高海拔的好。对重庆石柱不同海拔栽种的黄连进行研究发现，在1200m下栽培的黄连，感染病虫害概率较大，局部地区甚至绝收。据报道，南京从重庆石柱引种黄连，加强荫蔽及降温的条件下，可在海拔200m左右的环境生长，但成本较高。

随着纬度北移，对海拔要求下降。如陕西汉中市南郑县（北纬33.3°）分别在600m、1100m种植黄连，4年后分别测产量和小檗碱含量，低海拔600m均高于1100m，与赵广崎（2002）报道的结果相同。说明黄连种植的海拔高度不是单一因素，与温度及遮阴度等因素密切相关。以上试验没有排除其他因素，如土壤成分、遮阴度、施肥情况等，故仅作趋势参考。

二、土壤

黄连生长的土壤分为基础土壤和客土土壤。基础土壤是指自然形成的土壤，在石柱黄水及湖北利川等地，有黄棕壤、灰化棕壤、棕壤、棕红壤等，当地习惯称为黄泡泥、白鳝泥、冷砂、紫红泥等。黄连最适宜生长的土壤为油砂土、紫红泥、红砂土，这类土壤含腐殖质较多，生产出的黄连根茎充实、产量高、药材色泽较好，亩产最高可达400～500千克；冷砂和黄泡泥，这类土壤均为沙壤土或壤土，种植黄连的成活率高；黄沙土、泡砂土、扁沙土种植的黄连根茎泡松，产量及质量较次。白鳝泥、死黄泥等土壤不适宜黄连的种植。

通过对重庆石柱黄水镇不同土壤的养分进行分析（见表4–1），发现土壤的pH值均在4.1～4.6，呈酸性或弱酸性。以土壤养分含量分级标准划分，有机质的含量：中层黄沙壤土、老冲积土、森林黄棕壤属于1级，其余则为3级，总体看来，基础土壤中有机质的含量为中等偏上。全量的氮磷钾分析：中层黄沙壤和老冲积土全氮含量为2级，属含量高，二黄土全氮含量最低（0.88g/kg）；5个土类全磷含量均低于0.40g/kg，属极度缺磷土壤；全钾含量以紫红泥最高，森林黄棕壤最低，平均值26.1g/kg，变异系数28.8%。显然，基础黄连土壤磷素养分总量低，极度缺乏；全氮（二黄土除外）、钾（森林黄棕壤除外）养分较丰富。

表4-1 不同植连基础土壤有效养分含量

土壤	中层黄沙壤	老冲积土	紫红泥	二黄土	森林黄棕壤
pH	4.5	4.6	4.1	4.5	4.6
有机质（g/kg）	66.7	59.9	28.9	21.1	48.5
全氮（g/kg）	1.70	1.94	1.01	0.88	1.24
全磷（g/kg）	0.151	0.205	0.173	0.109	0.144
全钾（g/kg）	25.4	27.5	37.8	21.8	17.8
N（mg/kg）	208	214	87.9	64.3	199
P（mg/kg）	1.30	5.90	11.7	1.09	ND
K（mg/kg）	43.1	24.6	101	45.2	29.8

客土土壤，又称“面泥”，多是收集附近森林腐殖质土铺于厢面10cm左右，或在黄连生长时不断添加的农家肥等。由于黄连为浅根系，其须根生长在5～10cm，疏松、肥沃的土壤有利于黄连须根生长及根茎膨大，提高产量和质量。特别是在黄沙土、泡砂土上栽培黄连，增施含腐殖质丰富的森林土壤或腐熟的牛粪，是保证黄连高产优质的重要措施。客土土壤多疏松多孔，通气透水性好。根层土壤的总孔隙度为85.5%，从孔隙的类型来看，非毛管孔隙多，毛管孔隙少，二者的比例为1：0.39。土壤多为团粒状结构，0.5～0.8mm的团粒点占干土重的52.9%，有机质含量丰富。

此外，根据轮作方式，土地可分为撂荒地、荒地、熟土等类型，其土壤的性质也有较大的变化。一般以荒地为好，撂荒十年以上的地次之，熟土栽培最次。

三、温度

黄连具有喜阴凉、耐寒的特征。在冬季休眠期，能经受住-12～-8℃的低温而不会受到损害；最高可耐33℃左右的持续高温和41℃的短暂高温。以石柱黄水镇为例，黄水镇年有效积温3419.6℃左右，年平均温度11.7℃；七月份绝对最高气温不超过36℃，一月份绝对最低气温-10℃左右，平均在-4～-3℃。10月下旬初霜，4月上旬终霜，无霜期170～210天左右。

黄连不同生长时期对温度要求不同：

1. 种子萌发与温度关系

黄连种子一般在12月开始播种，12月至3月这段低温有利于打破种子的休眠，促进种子的发芽。同时，由于冷温霜冻，减少了其他病原微生物对种子胚的浸染，也是提高种子发芽率的因素。

2. 抽薹开花与温度的关系

黄连花薹自10月底（12～16℃）开始萌发，并随着温度升高而抽薹加快。低温易造成黄连花薹的冻伤死亡，影响黄连的开花结果。黄连开花期的温度在5～12℃，利于散粉的温度在8～16℃。低温不仅影响黄连花授粉，同时低温引发的积雪会造成花薹折断，从而影响种子的产量。大雪常造成黄连种子大面积减产，种子级别明显降低。

3. 营养与温度关系

在12月至翌年3月气温低于5℃，黄连植株处于休眠状态。3年以上的叶片保持常绿而不枯，3年以下部分叶片受霜冻变红，但开春后又返绿。对当年栽培的黄连则易受霜冻后掀起，造成根部暴露而受冻伤。新根在低温下分化力弱，形成时间明显延长，见表4-2。

表4-2　新根生长与温度的关系

温度	发根所需天数
1.8～10℃	26
5.5～14.7℃	23
8.6～14.5℃	12
14.1～21.2℃	6

新根生长温度一般在8℃以上，按重庆石柱黄水镇当地气温，一般在3～4月间，此时是新根的萌发期，新根萌发较快，同时也发新叶，随着温度的升高，新叶生长加快，在5月份温度达到15～22℃，新叶生长放缓，此时根茎进入充实期。

黄连有不耐高温的特点。进入7月时，室外温度最高可达35℃，此时，黄连为抵抗高温，进入了休眠期。对黄连在高温期（35℃±2℃）与室温（15℃±2℃）的生理指标进行对比研究，结果显示黄连在高温期的可溶性糖含量比室温高，叶中的脯氨酸与温度胁迫呈正相关，温度胁迫条件越强，适应时间越短，体内脯氨酸积累越快。黄连需生长在中高海拔地区，采用搭棚栽培的方式，与其不耐高温、喜荫凉的生活习性有关。

四、光照

黄连为阴生植物，忌强烈的直射光照射，喜散射光，因此栽培黄连必须遮阴。据报道，用不同层数的纱布罩处理黄连植株，2层纱布处理的植株生长最好，叶色绿而大。随着纱布层数的增加，叶色由绿变深绿、蓝绿色，叶数及分枝数减少。对三、四、五年黄连进行5个不同荫蔽度处理，结果表明，三、四、五年生黄连最适荫蔽度分别为60%、45%和全光照，同一荫蔽度下不同年龄黄连中的抗性物质有着明显差异。黄连喜早晚阳光，此时的光谱偏为蓝紫光或绿光。对光合速率的研究表明，早晚阳光明显促进黄连的光合作用速率，对黄连干物质的积累有利。

从一天的净光合速率变化来看，从早晨到中午13时，净光合速率随着光辐射增大而呈增加之势，13时至16时光辐射达到一天最强时，叶的净光合速率下降，并进入稳定的休眠期，出现“午休”现象。待到17时，光辐射下降，而净光合速率却呈明显的增长。所以，栽培黄连要充分利用早晚光照，促进黄连的生长。

黄连对光的需求随栽培年限增长而增加，苗期需光量弱，所以遮阴度大，一般遮阴度达到85%左右，随着黄连的生长，需光量加大。所以，种植黄连有“前期喜阴，后期需光”的说法。传统的搭棚栽连，棚架光强度的自然变化，最适于黄连生长。初搭棚枝叶茂密，荫蔽度较大，有利幼苗地上部生长，发叶多且快，随着栽培年限增加，经风吹、雨淋、日晒，棚上叶子及小树枝不断枯落，棚慢慢变稀，光照逐渐增大，黄连生长也转入以地下根茎膨大为主。直至收获当年可以完全揭去荫蔽树枝，药农称之为“亮棚”。荫蔽度大黄连移植的成活率高，但植物生长缓慢，同时，由于增加棚下的温度，不利于通风，使黄连易染病。对石柱一年生黄连调查发现，由于荫度过大，感染黄连白粉病的概率在60%以上。而荫蔽度过小，三年以下的黄连由于叶片不能承受阳光直晒，出现焦灼现象，生长受到抑制。

采用林间栽连的种植模式，则需要根据黄连不同年限的需光特性，对遮阴的树木适当修剪或者间伐，来调节光强，保证黄连生长所需的光照。

五、水分

黄连既不耐旱，也不耐涝。由于黄连的根系主要分布在10cm以上疏松的表土层，受气候环境的影响最大。如遇到干旱，疏松的表土层极易失水，而黄连的根系吸水能力差，会影响黄连的生长。黄连的光合特性表明，在高温干旱时，叶片的光合作用速率下降，水分蒸腾作用加强，影响到根茎的物质积累。尤其在黄连的幼苗期和移栽期更需要水分，干旱会降低其成活率。黄连也不耐涝，如遇雨水太多，或土壤为低洼地，造成土壤积水，通气不好，会引起黄连烂根，导致黄连植株死亡。故在栽培过程中注意排水，以避免积水对黄连根部造成不良影响。

当土壤的含水量在30%时，其生长正常，须根分布直径达30cm，深度为15cm；而积水的土壤，根的分布直径仅20cm，分布深度为5.5cm，须根数量仅6条。以味连的主产区重庆石柱黄水镇为例，年降水量平均保持在1300～1700mm，大气相对湿度80%～90%，土壤的含水量保持在30%～40%。

六、其他

地势对黄连的生长也有一定的影响。地势与光照时间及强度、水土保持、土壤肥力变化、根茎的生长分枝、田间作业方便等有很大的关系。黄连种植地的坡度以平缓为好，5°～25°最宜，坡度过大，容易引发水分和养分的流失；根茎向上生长时，易出现上侧与下侧不一致，影响药材的品质；还会因不易搭棚或立桩不稳而出现垮棚的现象。

表4-3　不同坡度对黄连生长影响比较

坡度°	植株高度（cm）	叶片数	芽苞数	缺苗率（%）
34°	5.6	5.2	1	10
28°	9.7	5.4	1.2	5

表4-4 不同坡度黄连产量比较

植被	地势	生长年限	产量（千克/亩）
松林	25°	4	110
松林	5°	4	215.1
松林	0°	4	200

坡地的朝向也有一定的要求。重庆石柱连农在长期栽培过程中，总结出“早阳山（东向）”或“晚阳山（西向）”，并认为前者要好于后者。太阳升起时或落下时，其光质多为蓝紫光，对黄连的生长有利。朝南的坡地，夏季光照时间长而且强，易引起夏眠的现象，不利于黄连生长。而朝北的坡地，受日照的时间短，光合作用不高，生长缓慢，并且在冬季易受冻害。

柳鑫等对不同坡度的黄连质量（总生物碱）进行分析，坡度在30°～40°的黄连质量明显高于10°以内的黄连质量。从坡向来看，朝南方向所产的黄连总生物碱含量较低，其次为西南，朝东北方向所产的黄连总生物碱含量最高。

第二节 黄连生物学特性

一、根系的形态和生长规律

（一）根系的形态及结构

黄连的根属须根系，其根可分为主根、侧根和不定根。黄连根仅具初生结构，由表皮、皮层、中柱三部分构成，根尖纵切面可见根冠、生长锥、伸长区和根毛区。根的木质部和韧皮部为外始式，中心无髓部。胚根突破种皮后，直接生长成主根，主根产生的各级大小分支为侧根，它们是由中柱鞘细胞发生的，由黄连根茎和较老的根上所生出的各级支根或细根称为不定根，须根系主要由不定根所组成。成熟根的木质部占据中心部分，呈圆形或方圆形。

不论主根、侧根和不定根最初发生时均呈青白色，透明；新根的先端部分着生有根毛，具有吸收水分和养分的作用；随着根的不断生长，开始出现老化现象，表现为颜色变褐、表皮粗糙，外皮的组织透水困难，只能起通导作用。因此，在生产过程中通过调控各种栽培措施和手段以提高黄连幼根的发生率，有利于黄连对水分和营养物质的吸收。

图4–1　黄连根系

（二）根系的分布及活力

黄连根系的垂直分布15cm左右，最深可达30cm，水平分布20～30cm左右。0～5cm土层的须根占25%以上，5～10cm土层占75%左右。一般根在土壤中分布宽幅是深的两倍。

黄连的根系生活力很强。一年之中，除了12月和1月的严寒季节停止生长外，其余各月均可发根生长。每年2月中下旬为新根萌发盛期，不仅萌发新根，也萌发了新叶。观察发现，黄连新叶与新根萌发紧密相关，新叶的萌发率作为衡量新根萌发量的指标。一年生新根萌发率46.2%，两年生新根萌发率为20.4%，三年生新根萌发率为18.8%，四年生新根萌发率为16.5%，五年生新根萌发率9.8%，由此可见，黄连的新根萌发随着生长年限增加而不断减少，待至第五年时基本不发新根。

不同生育时期须根的重量不一致，见图4-2。黄连须根干物质随着年限的

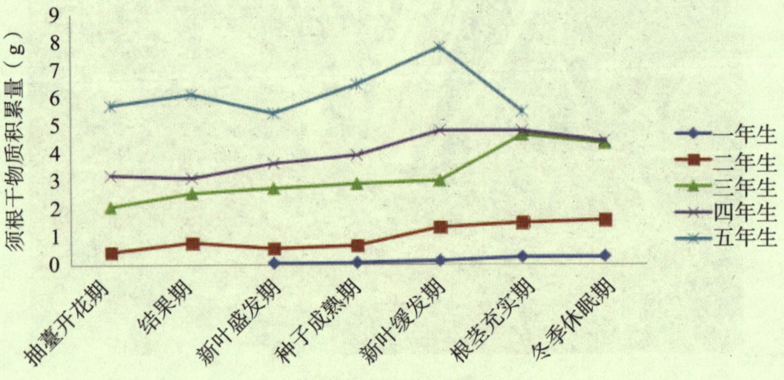

图4-2　不同年生不同生长期黄连须根干物质积累图

增长而增加，其中五年生和三年生黄连须根的干物质增长幅度最大。黄连须根在不同生长发育期中，其干物质在新叶缓发时期增加得最快。

新根生长能使黄连从土壤中吸收更多的养分，同时在种苗移栽时，提高了黄连的成活率。不同处理对黄连新根的萌发有很大影响。如黄连苗在移栽时需要剪根，由于剪根的刺激，移栽的当年黄连苗就能产生大量须根，占总生物量的46.2%，须根的绝对重量虽有增加，但比重渐渐减少。

（三）农艺措施对生根的影响

移栽黄连前剪断须根后用水淘洗、浅栽、紧压、施肥；栽秧后灌水或遇下雨又立即转晴等，有利于黄连生根。将黄连种苗用生根剂、磷酸二氢钾等药剂处理，与清水组浸根比较，发现用生根剂、磷酸二氢钾处理的种苗成活率均有不同程度的提高。

（四）移栽期与发根的关系

黄连除7～8月高温期和12～2月寒冷期在产区没人栽苗外，其他时期均可移栽。但随着移栽期的不同，黄连发根时间也有差别。若移栽期在3月和10月，由于温度低，发根所需时间较长，约20天左右。从重庆石柱黄连产区的气候特点来看，移栽秋排（秋天栽苗）和冬苗由于定植时间短，易受产区冬季寒冷气候的影响而死苗，而移栽老叶（未发新前栽培）和登苗（新叶完全长成）则有利于黄连的生长发育。

表4-5　移栽期与新根萌发的关系

种苗类型	栽培日期	生根期（天）	备注
老叶子	3月15日	24	未发新叶的苗
登苗	5月2日	15	已发新叶的苗
秋排	10月9日	29	秋天栽培苗
冬苗	10月28日	28	冬天栽培苗

二、根茎的形态和生长发育

（一）根茎的形态及特征

黄连（味连）的茎为根状茎，向上生长，多分枝，呈鸡爪状，分枝上有许多结节，节间很短，多紧挨在一起，似连珠状。根茎顶端有主芽，其旁有侧芽，还有不定芽，均由叶原基与苞叶包围着的生长点构成，皮层内储藏着大量的小檗碱。维管束为无限外韧维管束，断面黄色，外披黄褐色鳞片，根茎上密生多数须根。

（二）根茎的生长发育

根茎是由老叶、新叶不断交替生长所形成。根茎每年成结节状向上伸长，节间几乎不伸长。黄连根茎生长于土表以下，每培一次土，就可以使根茎向上生长一层，同时也可多长一层根，使吸收面积扩大，有利于营养物质的吸收，并促进根茎的粗生长。黄连根茎上的侧芽，如果条件适合，可以萌发生长成分枝，分枝上还可萌发第二次或第三次分枝，由于分枝次数多，而且并进生长，形成鸡爪状。一年生的黄连根茎分枝1～2个，二年生的根茎分枝2～5个，三年生的根茎分枝5～7个，四年生的根茎分枝7～10个，五年生的根茎分枝10以上。一年之中，除了12月和1月的严寒季节停止生长外，其余各月均可发根生长。定植多年的黄连，每年2月中、下旬即可萌发新根。所以适当的提前施肥可有利于根系对养分的吸收。（表4-6）

表4-6　根茎重与生长年限的关系

项目	一年生	二年生	三年生	四年生	五年生
根茎干重（千克/亩）	36.0	66.4	102.7	143.2	221.4
占生物产量（%）	17.9	22.2	29.4	39.8	50.1
净增重（千克/亩）	—	30.4	35.6	40.5	78.2

不同年份的黄连都在3月份开花、结果期单株根茎重量轻；在新叶盛发期到新叶缓发期（5～6月）黄连根茎干物质大幅度提高；在根茎充实期（10月）达到最高峰；在冬季休眠期的（11～12月）开始下降，直到第二年的3月。黄连根茎干物质重量上的这种变化和它一年中的生长发育进程有关，每年1～3月植株上前年产生的叶子已枯萎，新叶尚未长出，或叶片小而未展开，这时2～3月正是黄连的开花抽薹期，消耗大量贮存营养，所以造成黄连根茎重量的显著减轻，5～6月叶片开始增多，叶面积大幅度增加，合成的有机营养除提供植株

生长的消耗外，尚有大量的积累，因而出现根茎重量开始大幅度增加的现象。10月根茎重量达最高峰，11月由于植株形成混合芽，叶片开始老化，光合能力减弱，合成的有机营养已不能满足混合芽形成和增大的消耗，只有消耗已经贮存的营养物质，因此根茎重量相应地减轻。（图4–3）

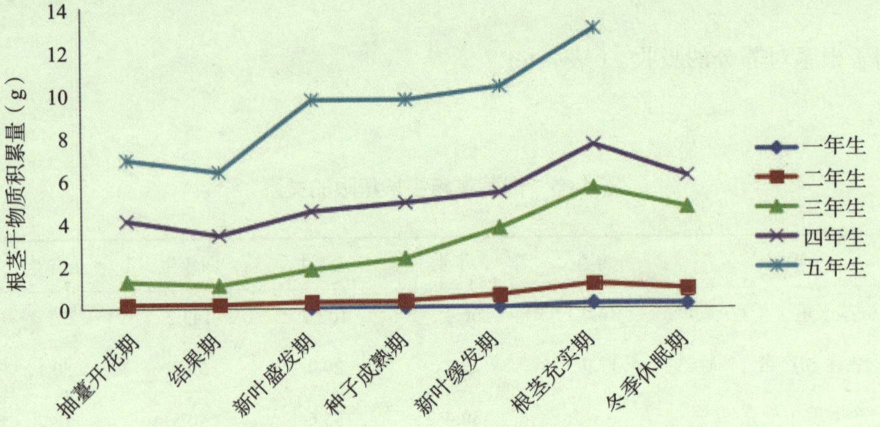

图4–3　不同年生不同生长期黄连根茎干物质积累图

三、叶的形态和生长发育

（一）叶的形态及特征

黄连为基生叶，其叶可分子叶和真叶。子叶对生，全缘，表面无腺毛和保护毛，除叶中有一主脉和靠近叶基沿叶缘有两条支脉外，叶面平滑无脉纹。真叶互生于根壮茎顶端，排列紧密，呈丛生状。叶柄长过叶片，约20～30cm；叶柄挺直，有沟槽，青绿色。叶片为三出羽状复叶，全体为三角状卵形，长

6～12cm，宽7～12cm，叶片稍带革质，深绿色；3全裂，中央裂片常比两侧略长，稍呈菱形，长5～10cm，宽3.6～6.1cm；基部下延成2cm左右的细柄，裂片再作羽状深裂，深裂片3～5对，近长圆形，先端急尖，彼此相距2～6mm，边缘具针刺状锯齿。两侧裂片斜卵形，较中央裂片为短而窄，不等2深裂，裂片常作梳羽状分裂，边缘有细软针刺状锯齿。叶面沿脉被短柔毛，背面无毛。

（二）叶片生长发育

黄连新叶生长多在3～10月之间，主要在4月和9月两个高峰期，4月新叶生长0.05片，9月新叶生长0.45片。7～8月，幼苗叶片增长极慢，9月增快，11月停止发新叶。7～8月，产区气温属全年最高，幼苗叶片增长受到抑制，生长速度极慢，11月由于气温降低，黄连叶片停止生长。

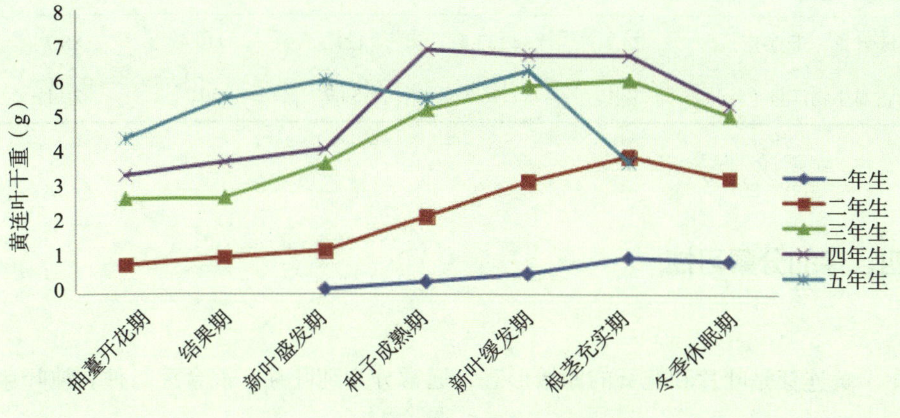

图4-4　不同生长期黄连叶干重积累图

4月为黄连新叶盛发期，4～5月发生的叶片生长期长，叶片大而重，系黄连的主要功能叶；6月份长出的新叶较小，10月长出的新叶由于鳞芽的出现而减慢。叶的重量随叶面积与厚度的增加而增重，出现速度则以4月中旬为最快，二年生与三年生新叶的日增长量分别为0.44片与1.06片。因此，在叶片生长期间应加强田间管理，促使叶片的发生量达到极大值。

表4-7　叶片数与生长年限的关系

	一年生		二年生		三年生		四年生	
	3叶苗	混合苗	3叶苗	混合苗	3叶苗	混合苗	3叶苗	混合苗
叶片数/年	9.7	4.4	26.9	17.8	23.9	24.4	25.9	37.2
年增长量	—	—	17.2	13.4	-3.0	6.6	2.0	12.8

表4-8　叶重与年限的关系

生长年限	一年生	二年生	三年生	四年生	五年生
干叶重（千克/亩）	74.7	133.8	121.3	110.4	88.7
占总生物产量（%）	37.1	46.7	34.7	30.7	20.1

四、芽的分蘖习性

黄连芽是叶片和花薹的原始形态，通常分为纯叶芽、混合芽二种。纯叶芽外披黄色或紫色的三角形鳞片三枚，边缘膜质，芽体长圆锥形，瘦小，位于幼苗的顶端或成年苗的叶腋内，呈二叉状分枝，主要构成第一次分枝，与混合芽一起丛生成簇状，抽叶较早。

混合芽呈圆锥形而饱满，在紫红色或黄色的鳞片内包含着花芽与暂时处于休眠状的叶芽原基，位于成年苗的顶端或侧枝上，先花后新叶，但主根茎与第一次分枝的混合芽同时抽出花薹，花芽与其叶芽的关系为合柱分枝，即花芽伸出花薹萎蔫，使花芽与叶芽间的二叉状分枝变为合柱状分枝，而混合芽内的叶芽与原主茎之间，仍属于二叉状分枝。正是合柱分枝引起花茎脱落后形成的凹痕，使根茎呈连珠状的结节向上生长。在花薹受伤或被摘除后，其内的腋芽可以提前伸出土表而发出新叶。因此，在黄连生产过程中采取打花薹的方法有利于提高黄连的产量。

混合芽形成的根茎分枝较粗壮，纯叶芽形成的分枝较细，前者增殖快，分枝多。混合芽与纯叶芽的比例保持1：2左右，根茎长度随分枝次数的增加而变短；根茎的粗度随分枝的次数的增加而变细。

黄连的混合芽的形成约在10月，在12月底至1月开始出土，并不断增长，在2～3月花薹长成。其后，混合芽中的叶芽开始生长，至5月份生长成功能叶。

图4-5　黄连芽苞及叶芽

五、花的形态及开花习性

（一）花的形态

黄连花主要由花被、花柄、花托、雄蕊群、雌蕊群五部分组成。1月抽出花薹，2、3月份开花。花薹具五棱，紫色、绿色或紫绿色，多为上部绿色，下部紫色。花为二歧或多歧聚伞花序，着生于根状茎顶端，花枝轮生、互生或对生，其上着生退化的叶状苞片，每个花序有4～15个小花，平均7个左右。每个小花有13～26个雄蕊，平均20个左右；心皮6～14个，平均10个左右。花萼5～8枚，披针形、阔披针形或窄披针形，紫色、黄色或绿色。花药黄色或黄绿色，腹沟呈紫红色、黄绿色、紫色或绿色。花丝长或短，黄绿色或淡紫红色。

图4-6　黄连花的形态

（二）开花习性

花芽的形成，花薹弯曲出土约在1月，2月中上旬开始直立伸长，至2月底停止伸长。花薹平均高度11.9cm，花薹以每日0.1～0.8cm的速度增长，平均增长速度为每天0.58cm。抽薹速度随气温上升而加快，遇寒潮气温下降而减缓。

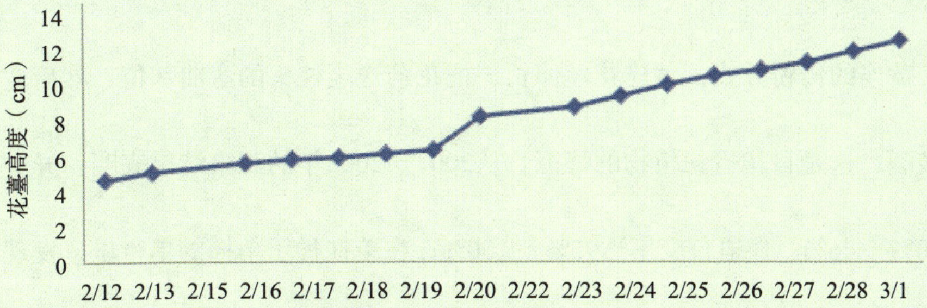

图4-7　黄连花薹生长图

黄连出苗后的第二年或移栽第二年开始开花，随着年龄的增长，开花植株的比例也随着增加，待到第六年之后开花率不再上升。

（三）花破药及传粉习性

黄连花成熟之际，花药位于心皮颈部，长1.4～2.4mm，当花丝伸至3～5mm时，花药被斜抬至柱头的弯曲部位，2～3天后，开始破裂。在一株黄连中，主花薹花药先裂开。在同一花薹上，花药破裂的顺序是由下而上，再由上而下，共历时16天左右。在一朵小花内，花药由外向内破裂，历时8天左右。花药孔裂，花粉散失后花丝向水平方向伸长，花药破裂后的第9天，散粉达到高峰。昼夜均能散粉，白天为主，在白天9～13时散粉最多。降雨时不散粉。

花粉生活力测定的结果表明：黄连花粉在6℃条件下保存3小时之后，仍具有生活力；6小时后生活力降低；22小时后测定完全丧失生活力。去雄套袋后10天，用新鲜花粉给柱头授粉，其受精率达80%～100%，故黄连柱头成熟10天内仍有生活力。

黄连的传粉方式：黄连花丝伸长，把花药送至柱头的弯曲部位，然后花药才破裂，这是自花授粉植物的特征。从2001～2003年的观察结果表明：异交率为40%～46%；强迫自交率达95%～100%；在单株种子单播的单行里，发现了变异的杂苗。由此可知，黄连为常异花授粉植物。

在重庆石柱黄连栽培区，还发现一变型——短丝黄连，花丝很短，花药着生在心皮的基部，即使在花药破裂时，花药仅被送至心皮的颈部，未接近柱头；剥蕾授粉，也能受精；异交率明显地高于自交率，说明了短花丝黄连为异花授粉植物。

六、果实的形态及生长发育

（一）黄连果实的形态

黄连的果实为蓇葖果，常由9～10个左右的蓇葖组成，下是由子房柄延长的蓇葖柄，柄长约1cm，略有小毛，排列果柄顶端；每个蓇葖长约1cm，长椭圆形，呈放射轮生；果喙向内，呈盘状；果端有心脏形裂口，果皮绿色，后变紫绿色或紫色；果柄长4～6cm，苞片增大，长1～2.5cm；成熟时种子自顶端裂口中脱出。果实内一般含种子4～6枚不等。

（二）果实的发育

2月下旬至5月上旬为黄连的结果期，历时40～50天，随气温和海拔的高低不同而不同。大约可分为五个阶段——初果期（6～7天），在子房受精后，花瓣脱落，柱头伸直，心皮小而瘦长，尖端未裂口；聚果期（15天左右），心皮膨大为圆柱状，绿色，尖端出现窄缝，心皮聚合在一起。种子长圆形，着生于腹缝线上，与背线紧接，内含无色汁液；盘果期（12天左右），心皮膨大，扁圆形，呈放射状轮生，果喙向内，呈盘状。果皮淡紫色、绿色或黄色，果尖裂缝变大，呈长椭圆形，种子黄绿色，卵形，与背线分离，内含淡黄色乳汁，种子能萌发，但发芽率极低；乳熟期（约7天左右），果尖裂口变圆，果皮紫色、紫绿色或黄色，内含黄金色的油质固体物质，种子有发芽力；完熟期（6天左右），果尖裂口大于种子直径，果皮紫褐色或黄褐色，在空气干燥时，种柄急剧收缩，把果实上部的种子弹出。

图4-8　黄连果实图

七、种子的形态和胚后熟特性

（一）种子的形态

成熟的种子呈椭圆形或近圆形，表面绿黄或淡黄，压碎后胚乳呈浆状，口嚼有香脆感。刚采收新鲜种子颜色为黄绿色至黄色，其含水量多达17%～22%，不利于保存，易产生霉变引起腐烂。在室内放置一周左右，其种子颜色变为深褐色，水分挥发至正常水分9%左右，此时可拌湿沙保存。若放置过久，会造成水分过于干燥影响胚后熟，导致种子发芽率低。

图4-9　黄连种子图

当种子由绿变成淡黄，种子压碎时有脆感，有香气透出，即为种子成熟。以75%植株进入成熟为成熟期；完熟期指种皮黄褐色，并由果皮中弹出，以75%植物种子弹出、蓇葖果开始变黄为完熟期。黄连种子成熟期在立夏前后，成熟期在5～10天左右，随着海拔的升高，种子成熟期延后，海拔每升高100m，种子成熟期延后5～9天时间，这主要与温度有关。不同海拔的种子的千粒重并没有明显的差异，而与田间管理及栽培类型有密切关系。

随着黄连定植时间的延长，花茎数目增加，花茎的直径也在不断增加，种子有效果率也随着增加。因为花茎为黄连根茎分枝的顶端花芽生长而成，花茎数目多表示根茎分枝多，因而采种时，多选花薹多的植株。花薹的高度与生长年限无关，有效果率以四、五年为好，种子成熟度高，利于采到优质的种子。选择有效果率及千粒重为指标，宜选用四年生种子（称红山种子）作为黄连种子源。其次是五年生、三年生种子。（表4-9）

表4-9　不同年生黄连种子结籽情况

生长年限	花薹均高（cm）	花薹中部径（cm）	每株花薹数（枝）	每花薹果数（个）	有效果率（%）	蓇葖果种子数（粒）	种子千粒重（g）
2	17.8	0.17	2.5	9.2	67.5	4.3	1.2
3	12.3	0.28	4.1	10.3	82.3	5.6	1.41
4	12.7	0.32	6.2	10.0	88.3	6.3	1.33
5	12.1	0.27	6.1	9.8	89.1	6.1	1.13

对每一支花薹所结的蓇葖果不同部分种子情况统计，结果如表4-10。下部小果比顶端小果成熟早，在顶部小果成熟时，下部小蓇葖果已开始破裂，部分种子也弹出。下部种子比顶部种子略重。故采收种子时，应优先采收下部种子。

表4-10　四年生黄连花葶顶端与下部小果千粒重测定

部位	每花苔蓇葖果数（个）	已破裂蓇葖果数（个）	种子色泽	千粒重（g）
顶端小果	10	0	黄绿	1.22
下部小果	8.9	2	浅黄	1.36

（二）种子胚后熟特性

味连种子有胚后熟和休眠的特性。刚采收的种子未见到完整的种胚，在重庆石柱黄水镇产区，需经9～10个月才能完成胚的后熟过程，即自然温度（8～28℃）下5～6个月后，使种子裂口，再经低温（-5～5℃）2～3个月，种子才能正常发芽。但将采收后的种子置于冰箱冷冻保存6个月后，种子也有破口发芽，说明味连的种子在低温的条件下，只要有足够的时间也能发芽。

在石柱黄连产区，连农将采下的种子与黄沙土拌匀后，用编织袋包好系紧，在野外择一处相对干燥不种的斜坡地，挖窖贮藏；或在坡地的土壁上挖一洞，放好后填上。也有将种子与黄沙土抖好后，放于阴凉的室内。经对不同的贮藏方法比较，野外贮藏要好于室内，一般在8～9个月后，种子即可发芽，而室内贮藏的种子明显延后1～2月。说明黄连种子在胚后熟的过程中，需要一定的湿度，而干燥的环境使胚后熟过程延长或中止。

据研究，采用植物激素处理，可以加速胚的发育。赤霉素的作用要强于2，4-D，赤霉素100μg/ml与2，4-D10μg/ml合用效果最佳，有着明显促进种子发芽的作用，比单用赤霉素要提高10%以上。

第三节　雅连的立地条件及生物学特性

一、雅连立地条件

三角叶黄连性喜高寒而潮湿的气候条件，不喜光照，故生于荫蔽林下。自然植被为常绿阔叶林或常绿、落叶阔叶林混交林，主要植被由乔木、灌丛及草本构成。

严铸云等人（2011年）调查：三角叶黄连生长在高山山麓坡地中，多生长在箭竹林内；生长区内几乎无人类活动，自然灾害较少，偶有鼹鼠啃食芽苞，对三角叶黄连生长影响较小；坡向多为坐南向北，这与三角叶黄连喜阴的习性有关；坡度在15°～80°；生长区内终年气候湿润；土壤类型以山地棕色森林土为主，其次是山地黄壤，基质为坡积物和残积物，地表覆盖为枯落物，覆盖厚度在2～6cm，为三角叶黄连的生长提供了充足的养分；植被型为常绿阔叶林或常绿、落叶阔叶混交林。群落的立体分布特征明显，荫蔽度在30%～80%，主要伴生植物有：松科的日本五针松（*Pinus parviflora*）、山茱萸科灯苔树（*Bothrocaryum controversum*）、樟科野黄桂（*Cinnamomum jensenianum*）、槭树科槭树属（*Acer*）、禾本科箭竹（*Fargesia spathacea*）、毛茛科铁线莲（*Clematis florida*）、木兰科翼梗五味（*Schisandra henryi*）、蔷薇科悬钩子属（*Rubussp*）、木贼科木贼（*Equisetum*）、百合科吉祥草（*Reineckia carnea*）、酢浆草科三块瓦（*Oxalis griffithii*）和菊科峨眉千里光（*Senecio faberi*）等。

1. 海拔

三角叶黄连在海拔1400～2300m有栽培，但最佳生长海拔为1700～2000m，这段海拔间，雅连生长发育好，产量高，病害少。相对低的海拔，虽可种植生长，但由于生长速度快，徒长叶，根茎出现轻泡现象，产量低。相对过高的海拔，由于温度低，植物生长缓慢。

2. 温度

三角叶黄连具有耐寒，忌高温的特点。一般在-10℃仍能存活，虽生长发育缓慢，但基本不受影响。而高于35℃则植物生长会受到抑制。最佳生长的温度在15～25℃之间。在1700m时，夏天日间非直晒最高温度不超过25℃，故雅连一般以立秋前扦插为宜，立秋后温度降低，生长缓慢。

3. 土壤

一般以含腐殖质较多的黑油砂土最佳，黄沙、黄壤、黄棕壤较次，板结的土壤如白鳝泥、盐渍土不宜栽培。pH5.2～6.7之间。自然林下栽培以阔叶林或针阔混交林为主，腐殖质土层较厚的土壤为佳。

4. 光照

三角叶黄连为喜阴植物，喜散射光，忌阳光直射。一般需遮阴，荫蔽度在60%～80%左右最佳。荫度过大，植物叶片看起来很好，但根茎的产量小。荫度过小，阳光直射，会造成叶片灼伤。

二、根茎及叶片萌发特性

8～11月，三角叶黄连母株根茎节间上萌发出第一代匍匐茎芽苞，并不断增大，次年3月，匍匐茎芽迅速抽生，先端迅速生长，一般长6～10cm，黄绿色，而后逐渐变成浅黄绿色，触地生根，须根3～10根，顶芽生长出一片小叶，小叶黄白色，渐变黄绿色，形成第一代独立植株。少数匍匐茎斜生，先端未触地，但节上可发育叶片一枚，不长须根，第二年可触地生根，形成独立植株。

第二年，第一代植株顶芽发育较快，萌发出一片新叶，老叶逐渐变枯黄。植株挺直，叶片颜色比第一年生长的叶片更深，叶缘小裂片先端呈刺状，嫩叶刺较软，老叶刺较硬。第一代匍匐茎节间逐渐变黄绿色，节上须根以上部分逐渐膨大，形成根茎。植株先端形成的顶芽为营养芽，侧芽一般不发育。

第三年，第一代植株叶片数增多，一般有3～4枚叶片。植株顶芽开始形成混合芽，同时下部形成侧芽。混合芽在3月上旬开始萌发，少数植株抽生花薹，萌发出新叶，老叶逐渐变枯黄，至果期后，老叶枯黄。根茎结节处侧芽发育的第二代匍匐茎芽开始抽生，如同第一代植株发育。但第三年须根增多，根茎逐渐膨大，并变充实。与中心株母株连接的匍匐茎颜色变褐色，少数枯黄而断裂，与母株脱离形成完全独立的植株。

第四至五年，植株重复第四年发育过程，根茎增粗变长，叶片数目、抽生的花薹数及匍匐茎数一般与上一年保持不变或略有增减。至第六年后，则植株生长变缓，叶片数目、抽生的花薹数及匍匐茎数逐年减少。根茎上部可以继续生长，部分植株根茎下部腐烂，逐渐进入衰亡期。

三、花及果的形态及发育

每年顶芽和侧芽同时萌发，顶芽萌发速度较快，进入冬季后，顶芽明显膨大，鳞片由绿色转为紫色，而侧芽变化不大。次年3月份左右，顶芽鳞片打开，抽出花薹。侧生芽则抽生出匍匐茎，并萌发出小叶片。

三角叶黄连的花薹开花正常在2～3月，多歧聚伞花序，有花3～8朵，花期20天左右，多数花朵到后期自然枯萎脱落，极少数花能结果。花期可分三个时期：初花期、盛花期、枯萎期。初花期：花萼及花瓣展开，雌蕊可见心皮柄、子房和柱头三部分，雄蕊长度为雌蕊的1/2。盛花期：雌蕊子房膨大，内含倒生胚珠，柱头外弯，由绿色变为淡红色，腹缝线一侧上端分化出乳突状细胞，雄蕊花丝外伸，稍短于雌蕊，由外向内逐渐成熟，花药开裂。枯萎期：花瓣及雄蕊萎蔫，雌蕊心皮柄迅速延长，下弯成近似轮环状排列，能形成正常果实。三角叶黄连花粉粒在扫描电镜下观察，花粉粒大部分形态干瘪变形，出现破裂状。

果实常由9～10个左右的蓇葖组成，下是由子房柄延长的蓇葖柄，排列果柄顶端；每个蓇葖长约1cm，长椭圆形，呈放射轮生；果喙向内，呈盘状；果端有心脏形裂口，果皮绿色，后变紫绿色或紫色；果柄长4～6cm，苞片增大，长1～2.5cm；成熟时种子自顶端裂口中脱出。果实内多数种子皱缩并变干瘪，偶有含种子1～2枚不等。

三角叶黄连为兼性异交，部分自交亲和。由于花粉发育不全致使种子发育不全。

第四节　云南黄连立地条件及生物学特性

一、云南黄连立地条件

（一）海拔

云南黄连分布在2100～3300m，最佳海拔为2600～2700m，海拔过高，因积雪时间长，会导致云南黄连生长过缓。在海拔1600m左右，云南黄连也可以正常生长，但根茎过泡。据张霁研究（2008），在2600m、2700m的野生云南黄连根茎生物量明显高于2300m，且小檗碱、巴马汀和药根碱含量也高。野生云南黄连的根茎生物量、根生物量、叶生物量、总生物量、高度和冠幅随海拔梯度呈先升后降的趋势。

（二）土壤

野生云南黄连多生长于暗棕壤，此类土质由花岗岩、花岗片麻岩、片麻岩、砂页岩及粉砂质岩发育而成，pH值为4.1～5.5。土壤相对湿度在70%左右，坡度在15°～50°。

（三）光照

云南黄连为喜阴植物。一般为中、弱的光照，环境内光强在600～2200lx，相对湿度在56%～95%，喜散射光，阳光直晒会出现叶片枯边的现象。

（四）温度

年平均气温约14℃，最低月均7℃，极端最低气温-10℃，最热月平均气温19℃，极端最高气温33℃。

二、云南黄连生物特性

云南黄连兼具有性生殖和无性繁殖，在自然条件下，居群数量增长以发达的地下营养繁殖体无性繁殖为主。

（一）无性繁殖

云南黄连在7月形成顶芽，每个顶芽分化为1个花序或2片幼叶或2条黄色的营养繁殖体（称为觅养枝），而腋芽只长出觅养枝或幼叶。从顶芽和腋芽生出的觅养枝顶端又着生1个花序或1～2个营养芽，节部生须根并再长出新的觅养枝，由此沿地面枯枝落叶层或腐殖质层匍匐蔓延，觅养枝节间长1.5～2.5cm，从1个腋芽生出的觅养枝可在离母株根茎30cm的范围内构成多分枝无性系，其中最长可分化为12个觅养枝，离母株最近的2～4个节间木质化或半木质化为棕褐色根状物，着生须根的节部膨大成球形或椭圆球形，其上的腋芽又散生出新的觅养枝，只有在整个营养繁殖体系最末端的觅养枝顶端才萌生出幼叶，自然条件下觅养枝极少与母株发生断裂。

（二）有性繁殖

花序轴通常在每年1～2月从根茎顶端总苞中抽出，20～25天内长至离地面不超过10cm高，在花序轴长高后的10天左右开花，花蕾于每天上午10～12时开放，花期大约25天；多歧聚伞花序，花3～4朵，绿白色。种子5月上旬成熟，成熟后果实炸裂，种子散落于母株四周不超过40cm，次年2月子叶才出土。

云南黄连果实是由8～15枚较原始的半开启类型的离生心皮发育而成的蓇葖果，每个心皮的腹缝线上着生有两行相间排列的倒生胚珠，12～16枚不等；每个蓇葖果内含有4粒左右的成熟种子，呈棕褐色，长椭圆球形并稍有弯曲，表面有纵向条状花纹。

刚出土的幼苗，无论是实生苗还是无性系苗，第一年只发出一片叶，可能是为建立高效的生物碱合成机制，因此光合作用合成的养分远远不能满足新植株生长发育的需要，无性系苗可以靠与母株的营养联系得到补充，实生苗只能从残留到8月的子叶中得到所需的养分，到第三年，叶增至4～6片时，营养生长才对根茎的膨大和整个植株生物量的增加起重要作用。所以云南黄连的这些特性导致其生长极为缓慢，为获得所需的养分，发展了各种“觅养”方式。以发达的觅养枝体系进行无性繁殖，也是对漫长生长期中可能遇到的各种不测因素对植株带来损害的一种适应。

第5章

黄连栽培技术

传统黄连栽培是砍山搭棚，每栽一亩黄连需破坏林地三亩，需木材10m^3，对森林资源消耗较大。近年来，重庆石柱等地推广林间栽连、客土栽连、水泥桩代替木桩以及一桩一树等生态栽连技术，结合优良品种选育、优质种苗培育、科学的施肥技术和病虫害综合防治技术，建立了黄连高效生态栽培技术体系，对生态环境保护起着积极的作用。

第一节　黄连选种

一、黄连种质资源评价

黄连药材分为味连、雅连、云连，三个种均可栽培。从市场的占有率来看，目前，味连占黄连药材的绝大多数，雅连、云连仅在部分地区用，用量仅占黄连药材市场1%。在很多药材市场，雅连、云连也难觅踪迹。从价格来看，雅连、云连价格略高于味连的价格100%～150%左右。造成这个原因有以下因素：一是从产量来看，味连的栽培历史长，种植技术完善，产量高，平均每亩可达200千克以上，有的达400千克。雅连、云连的产量较低，只能达到每亩50～100千克。二是从栽培技术来看，味连种子可繁殖，因而繁殖系数高，种苗来源有保证，适宜大面积种植。而雅连由于种子不育，主要采用侧枝扦插的无性繁殖方式；云连也多采用无性繁殖，因而，种苗来源有限，难以大面积推广。三是从环境要求来看，味连一般最适宜的海拔在1200～1800m，最低可在海拔600m的地方栽培；而雅连、云连栽培环境一般在海拔1700～2500m高寒山区，在1500m以下种植难以成活。由于这段海拔区域居住人少，交通不便，导致劳力不足，农资运输困难，生产发展受到制约。四是从药材质量来看，三种药材均具有相同的功效，在用途上没有明显的区别，按《中国药典》（2015年版）对黄连药材成分检测要求，以小檗碱含量计算，味连含量较高。五是味连连作障碍相对较轻，最多三年可以复种，而雅连、云连需十年以上方可复种，因而开垦新地劳动力成本高。

味连作为黄连的主流栽培品种，即使在雅连、云连的原产地，农民也多改种味连，只有少数人小面积的种植其他品种，仅作为保留种源。据调查，四川洪雅、斜源等地的味连，多数直接或间接来源于重庆石柱、湖北利川两地。

二、优良类型选择

黄连在长期栽培过程中，会出现种内性状的分化，这些变异是获得优良品种的重要种质资源。对重庆石柱、湖北恩施、利川等产地种植的黄连调查发现，黄连单株间存着一定性状差异：一种叶片较厚且有光泽，另一种叶片较薄无光泽，据此可分为有光叶和无光叶，或分为草质叶（有光）和纸质叶（无光）；叶片表面近叶脉交叉间有不规则黄色斑块，称为花叶；根据叶片大小、叶片分裂深浅等，可分为大叶和细叶。以上性状特性，在不同环境、不同产地均存在。为此，根据其性状特征划分为四种或七种类型，其中大叶型和花叶型的产量高，质量也好。

大叶型：叶面有角质，呈油润光泽，深绿或亮绿色；叶缘具粗齿；中裂片较侧裂片长，多为浅裂，深度在小叶片1/2；花被多为紫色，绿色；果实黄色或紫色。（图5-1）

图5-1　大叶型黄连

花叶型：叶面有角质，呈油润光泽，深绿色；叶脉交汇处有不规则黄色斑块，叶缘多具粗齿；中裂片与侧裂片略等长，小裂片多深裂，裂片间隙较宽。花被为紫色、黄绿色；果实为黄绿色或紫色。

通过研究发现，大叶型和花叶型五年生黄连的产量高于其他类型15%～20%，且大叶型在四年成熟，五年不再生长，定为早熟类型；而花叶型在五年仍呈生长趋势，定为晚熟类型。对二者的质量成分检测表明，小檗碱的含量没有明显的差异。

三、优质种子培育

（一）优质种子培育

优质种子的来源依赖于优良株型和良种的培育，因而在生产上应注意优良株型的选择和合理施肥技术。

选种时首先选择大叶型和花叶型两个类型，再在这基础上，选择芽苞数多、外侧芽发达、分枝多、叶数多且面积大、叶色正常、生长旺盛的四、五年生黄连植物，作采种植株。最好在种植三年时，将符合上述要求的类型，集中栽培，作为优质种源来培育。

为了获得优质种子，按照黄连良种生产的配套技术进行操作。种子地应选择土质疏松，有机质含量高的森林黄棕壤土，坡不要太高，以早晚阳山为好。荫蔽度要略高于一般生产黄连的要求，通风性好。田间管理是提高种子结实率和优质率的重要措施，其中，施肥是获得优质种子的重要保证，通过对氮、磷、钾的不同配比的试验结果，高钾组种子的千粒重和产量要高于低钾组，因而在种子成熟前期，即入冬前增施钾素肥，对于提高黄连种子的优质率是非常重要的。

（二）种子采收及分级

黄连植株在移植后第二年就可结种子，但数量少，种子含水量大，品质较差，一般不用。移栽三年的黄连种子数量较多，品质较好，当地称为“试花种子”。移栽四年的黄连结出的种子，数量最多，成熟度高，品质好，称为“红山种子”，其种子出苗率也高、出苗整齐，为种子采收的最佳时期，重庆石柱、湖北利川等黄连产地采用的种子多为红山种子。黄连苗移栽五年所结的种子，称为“老红山种子”，由于多受遮阴棚垮塌或亮棚的影响，导致黄连叶片和花薹易受到冻害和强光的照射，影响了黄连种子的发育，其品质较红山种子差。

采收合格的种子后，需对种子分级，一般分为三级：在0.9mm筛以上的种子为一级，二级种子在0.5～0.8mm筛之间，三级种子在0.5mm筛之下。一般只用一、二级种子作为良种育苗。

四、种子保管

种子贮藏的方法通常采用搭棚层积法。即选坡度10°以下排水良好的阴山坡地，搭棚遮阴，荫蔽度在80%以上，用树枝盖棚，使棚内能接受自然雨水。在棚周围开排水沟，使其上坡水不流入棚内。棚内开沟作低厢，厢宽1m，厢长3～4m，厢距30cm左右，厢间开沟。将厢中土壤挖去10cm深，四周留10～15cm厚的壁，成一长方形窖，中间沟窖底压平，铺垫少量沙。将收获的种子用清水选种，去掉皮壳、渣滓和瘪子，待水沥干后摊在窖底，厚3cm左右，上盖纯沙或排水透气性良好的腐殖质土10cm左右。

种子贮藏后要经常检查，特别是在头两个月（5～6月），需每隔3～5天检查一次，发现霉变应立即将种子淘洗后与沙混合再贮藏。在贮藏3～4个月后（9月左右），气温逐渐降低，可一个月检查一次。

第二节　黄连育苗技术

黄连的繁殖分为有性繁殖和分蘖繁殖。分蘖繁殖是在采收时，剪下带有芽苞和部分须根约3cm长的根茎作繁殖材料，另地进行栽培，这种繁殖方法仅在湖北恩施太山庙药材场等地见到。其他各产地多采用种子育苗繁殖。

一、育苗方式

根据育苗管理的方式可分为：精细育苗和撒茅林法。精细育苗需选地、搭棚荫蔽，整地，再播种等措施；而撒茅林法，是直接将种子撒于林下含腐殖质较多的土地上，让其自然生长的方式。按照荫蔽方式可分搭棚育苗（精细育苗）、林下育苗、插枝荫蔽育苗法。下面介绍主要的几种育苗方法。

（一）精细育苗

精细育苗是目前重庆石柱、湖北利川多采用的育苗技术。其优点：具有出苗率高、出苗整齐、产苗量大，缺点是劳动强度较大，需搭棚荫蔽，整土，除草等环节。精细育苗一般二年即可成苗移栽，是目前主产区最常用的育苗技术。

（二）快速育苗

快速育苗是在精细育苗的基础上，通过覆盖塑料薄膜拱棚等措施，提高种苗生产所需的温湿度、促进种子快速生长的育苗技术。其优点：出苗率高、种苗级别好、种苗整齐等。其缺点是黄连产区多处于高山地区，在初春种子发芽的初期，塑料拱棚易受到积雪的破坏。快速育苗多为一年即可成苗移栽，但成本相对精细育苗成本高，管理要求更高。

（三）林下育苗

林下育苗是一种相对粗放的育种方式。一般选择在密林中无杂草及灌木、富含腐殖质的林地，撒下种子，让其自然生长，待到可以作种苗时采收即可。其优点是生产成本低、劳动强度低且较环保。其缺点是成苗时间长（一般为三年以上）、出苗不齐、对环境要求较严、生产量不大。目前，常见的林下育苗为竹林下育苗。

此外，也有几种方法的结合，如林下精细育苗（以杉、杜仲林为荫蔽物进行精细育苗）。

图5-2　林下育苗

图5-3　杜仲林下育苗

二、精细育苗技术

（一）选地

种苗地宜选择在避风的阴山或日晒时间短的半阳山，选土壤肥沃、腐殖质层深厚、排水良好的土地作苗圃地。坡度不宜过大，一般在20°以内。以林下的荒地为佳，轮作地或荒草地容易滋生杂草，影响黄连种子发芽和生长，同时也给苗期除草带来不少困难。

（二）蔽荫

黄连苗期喜阴，强光或高温对种苗生长不利，因而荫蔽度一般在80%左右。根据各产区的蔽荫方式，分为以下几种。

1. 搭棚蔽荫

棚柱长2.2m，一般为水泥预制柱或石柱，顺杆用长4m、径粗10cm左右的树枝或毛竹。横杆用长2.3m，径粗6～7cm的树枝或竹竿。遮盖物和四周的篱笆可用长1.3m的树枝或小竹竿编制而成。然后，将水泥桩或石柱埋入土内约50cm，使地面上部桩高有1.7m左右。桩栽好后，将顺杆用铁丝牢固地捆在桩柱上，再将横杆捆在顺杆上，然后在上面均匀地铺盖遮盖物，使棚内荫蔽度达60%～70%。

用木桩搭棚，则在厢的两边墩坚固的木杈和砍好碗口的木桩，在树杈和碗口上搁檩子，再在檩子上搁横杆，然后盖上竹木枝条或者秸秆。盖材以柳杉枝条最好，因它干燥后不落叶，能始终保持其荫蔽度。也可以用树条、竹子编织成笆，作活动棚盖，管理操作时取下，管理结束后盖上，工作起来比较方便。

这种搭棚育苗的方法，可以把育苗及栽连结合起来，做到一棚两用。即在第三年春季扯连秧移栽时，可按10cm×10cm的距离留苗，个别过稀的地方，也按10cm×10cm的距离补苗，留下的苗再继续培育，任其继续自然生长，不需移栽，常规管理，待五、六年后，即可挖取黄连。这种方法称为“蓄坐蔸”，可以节省移栽和搭棚用工用材。

图5-4　黄连搭棚

2. 插枝遮阴

在已撒播黄连种子的厢边四周，采集1～1.5m长的柳杉枝分别插于各厢的厢沟边，插枝的密度以整个育苗厢面均匀蔽荫度达80%左右为止。在整个黄连苗生长期要求见稀就补，见倒就扶。连农实践证明，这种育苗蔽荫法具有投资小、效益高的优点。

3. 塑料网覆盖蔽荫

用竹条或冷拉丝（铁丝）在已撒播黄连种子的厢上插成拱形，上覆盖85%的塑料遮阴网，四周用石块或土块将网缘压紧不使风吹起来。

（三）开厢整地

一般在每年11月进行整地。先清除选好地上的杂物，挖出树根和草根。在晴天，将枯枝草根等杂物堆集成堆，用火烧熏，然后粗挖翻土。翻土深度约20～23cm，并拣去树根、草根和石块等物，再进行细挖，将土块打碎以备开厢作畦。

土地整平后，按厢宽120cm，沟宽15cm，深10～12cm开沟作厢，厢长依势而定，以不超过10m为宜，厢面泥块务求打细平整。

（四）施基肥

厢做好后施基肥，每亩施腐熟的厩肥400～500千克，或100千克磷肥，均匀铺于厢面，与表土拌匀后再盖上3cm左右厚的熏土即可播种。

（五）播种

每年10～11月播种，理论上用种量2.5千克左右，实际生产上用种量5千克左右。若种量过少，容易滋生杂草，给苗期管理带来困难；种量过多，虽然早期看起来茂盛，但在生长过程黄连产生自疏现象，最后成苗的优质率不高。播种时，拌20～30倍细腐殖质土或干牛粪粉一同均匀撒于厢面。撒后用木板将厢面稍稍压实，使种子与土壤相接触，然后再覆盖一层稀疏的油菜籽壳或谷壳，防止水雨的冲击将种子裸露在外，油菜籽壳和谷壳腐烂后，同时也增加土壤的肥力。

对种子的药剂处理有利于种子发芽，对种子进行赤霉素、多效唑以及磷酸二氢钾等处理，结果显示，赤霉素能促进种子的发芽，其出苗早于其他处理，磷酸二氢钾能提供种子所需的营养，在发芽期也有较好的效果。

（六）苗期管理（施肥、除草）

黄连幼苗生长缓慢，一般育苗期需要两年，所以，黄连苗床管理十分重要。

1. 勤除草

由于黄连苗床土壤肥沃，杂草容易滋生，若除草不及时，连苗被杂草盖没，就会抑制幼苗生长。所以，必须勤除草，做到除早、除小、除净。除草时操作必须小心细致，拔草时，应一手按住连苗根，一手将草拔起，这样才不会把幼苗带起来。

2. 追肥

在每次拔草后可追施氮素肥料，目的是促进幼苗迅速生长。第一次追肥，在4～5月份，幼苗长出1～2片真叶时，每亩施氮素化肥8千克左右。第二次追肥，在6～7月份，除追施氮素化肥12千克外，还可将晒干打细过筛的腐殖土150千克撒于厢面，使幼苗稳根。在撒施化肥时，应注意选择晴天，连苗叶上无露水时进行，撒后即用小树枝轻轻扫一下，使黏在连苗叶上的化肥颗粒掉落厢面，以免烧苗。10～11月份，每亩以干厩肥150千克撒于苗床，以备越冬。如无干厩肥，也可用腐殖质土500千克或用人粪尿数担拌熏土500千克施之，以利幼苗越冬。到第三年春季，再施稀薄人粪尿或氮素化肥10千克一次，使幼苗生长更快。这时的秧苗称为“当年秧子”，此时，就可选取合格苗移栽了。每次扯秧后，必须进行追肥管理（追肥量8～12千克氮肥），这样可以多次选合格苗移栽。

3. 间苗

在苗长出1～2片真叶时，如苗过密，应拔除部分弱苗，使株距保持1cm左右。以后根据出苗和生长状况，进行多次匀苗，保证健壮成长。

4. 培土

黄连幼苗小，生长缓慢，根少而浅，大雨过后，幼苗根部被雨水冲毁；夏季干旱炎热，常把扎根不稳的幼苗晒死，应及时将细腐殖质土或厢沟土撒于厢面，覆根稳苗，以保护黄连幼苗正常生长。

三、种苗采收期及方法

不同的育苗方法、不同海拔及施肥管理均影响黄连种苗的质量和采收期。就采收期而言，以重庆石柱黄水镇为例，将种苗生长时期划为几类：

当生秧子：为一年生秧苗，即播后的二年的苗，一般有叶3～4片真叶，株高4cm左右，移栽成活率低，生长缓慢。

当年秧子：为二年生秧苗，即播后第三年生长的苗，一般有4～6片真叶，株高6cm左右，移栽后成活率高，生长迅速，发蔸快，为移栽最适宜的苗龄，为生产上大量移栽的秧子。

原蜂秧子：为三年生秧苗，叶片较当年秧子多，苗也大，其根茎已发育成蜂子似的形状而得名。这种苗子健壮，移栽后成活率高，生长迅速，提倡大力培育。

低海拔（1200m）育苗比高海拔（1500m）提前半年采收，同期种苗比较，低海拔的种苗株高、叶片数及须根要比高海拔高一个等级。所以，提倡低海拔育苗高海拔移栽，缩短黄连的生长期。在高海拔地区育苗也可以采用薄膜覆盖育苗，比单纯搭棚育苗法提早15～20天出苗，加以合理的施肥和田间管理，也可提前半年达到规定的种苗级别。

在扯当年秧子时，首先选符合规定的种苗扯，余下的苗仍按苗期管理方法管理，待第三年时作原蜂秧子。在扯完原蜂子秧后，可按10cm×10cm的距离留苗，个别过稀的地方补苗，留下的苗再继续培育，任其继续自然生长，常规管理，待五、六年后，即可挖取黄连。这种方法称为“蓄坐蔸”，可以节省移栽和搭棚用工用材。

第三节　黄连栽培技术

一、栽培准备

（一）选地

一般应选择在海拔1200～1700m的早晚阳山，坡度在10°～30°度之间，植被以油竹、杂木混交林为首选，大气、水质、土壤符合中药材GAP标准规定，以肥沃、腐殖质含量高、上层疏松、下层较紧密（上泡下实）的紫红泥、森林黄棕壤、腐殖质黄棕壤等为佳。这些土壤由于表土疏松，透水透气性好，对黄连侧芽的成长、分枝有利，从而能形成粗壮的根茎，所产黄连形状好，产量高，质量优。

根据前茬作物，可分为：荒山土、撂荒土、轮作土和熟土等，以荒山土、撂荒土栽培黄连为好。黄连不宜连作，否则生长不好，易感染病害。

（二）整地

如果所选地是荒山土或撂荒土，先清除地上的杂物、挖出树根和草根。将枯枝草根等杂物堆集成堆，用火烧熏，只要土壤受熏发黑，土壤表面凝聚了水汽即可。然后粗挖翻土，再进行细耕，将土块打碎以备开厢作畦。如果准备春季移栽，整地可在12月整地，经过冻垡，既减少了病虫害发生，也增加土壤的疏松度，利于黄连苗的移栽和生长。

二、生态栽连

栽连之地，土性已寒，不宜连作。传统的栽培技术多是砍树搭棚和砍山栽连，对森林资源有较大的依赖性和破坏性。栽过黄连之地，往往需待10～20年的自然修复，方能种植，新种植黄连又得垦山开地来种植。黄连生态栽培需解决遮阴和不能连作的问题，经过多年研究和试验，采用轮作技术和生态荫蔽等技术，有效改善生态环境。

（一）轮作技术

土性已寒，即黄连连作障碍的因素：一是黄连多年生长后，须根吸收生长所需的土壤养分，造成养分失调。二是黄连根茎及须根所含的生物碱具有杀菌或抑菌的作用，须根通过土壤中的水分流动排放至土壤中，造成土壤菌群失调，使某些有益菌减少，从而不能分解或转运土壤中的养分，使黄连生长不良，容易感染病害。三是黄连须根及叶、根际分泌物对黄连种子发芽及移植苗生长有抑制作用，影响黄连的生长。四是连作后的土壤较板结，不利于黄连须根的生长。

轮作或是撂荒是提高复植率、合理利用土地的有效方式。栽过黄连之地，通常栽植1～2年大豆、玉米、土豆、白菜等作物，或者撂荒2～3年后再种植。通过对不同轮作的作物比较，发现轮作大豆后种植黄连的产量要高于轮作其他作物，可能与豆类根含固氮菌能增加土壤的氮素有关。如果种植黄连为田地，可以通过轮作水生植物来减少病虫害及连作障碍的产生。

撂荒属于自然修复，撂荒时间越长效果越好。一般撂荒3～5年即可再种植黄连，复垦之后，每亩地施用石灰500千克，主要起着调节土壤的pH值、杀灭有害病菌、防止土传病的感染的作用，并重施腐熟的有机肥或森林腐殖质，提高土壤的养分，才能保证黄连产量与老荒地的产量相当。

（二）生态荫蔽技术

1. 水泥桩棚栽培

预制水泥桩棚架已在黄连主产区广泛应用推广，故以水泥桩棚为例，搭棚材料准备，按一亩计算，材料如下。

桩材：预制水泥（石）桩：长200cm、厚7cm×7cm的水泥（石）桩约144根。木桩：长200cm，粗（直径）8～10cm的约30根，作为棚边固定铁丝用。

铁丝：10号铁丝约35千克，12号铁丝约45千克。起支撑棚盖和固定水泥桩的作用。

盖材：一般就地取材，多用树的枝杈，也有竹子、玉米秆做盖材。最好是柳杉枝杈和竹子，柳杉枝不会掉叶，在移植黄连3～4年都能保证遮阴度；而竹子作盖材，既轻又能起着一定支撑作用，可在竹枝上面加其他盖材。选择盖材最好是不落叶的与落叶的混合搭配，满足不同年生黄连的需光要求，落叶盖材一般为40%（如松枝等），不落叶为60%（如柳杉等），盖材约2500千克左右，枝条长度最好在200cm以上。

此外，也可用遮阳网遮阴，或在桩旁栽四季豆、黄瓜、绞股蓝等攀绕的经济植物，既可遮阴同时也增加一定收入。

搭棚方法：山地栽培，地形差异大，故搭棚的方式应根据地形而定，灵活掌握。搭棚顺序是：先埋桩，后拉铁丝，然后自下而上将遮盖物放上，后搭成棚。在埋桩前，应根据地形作好规划，从有利于排水的角度来安排厢的排列方向。平地和单向斜坡地，桩行的方向同坡向一致；两面为斜坡、中间凹的谷地，顺山谷直上坡顶的谷地为正厢，两边坡地为侧厢；两面斜中间凸出的山脊地，则顺山脊为正厢，两边为侧厢。侧厢和正厢的方向不一致，而以一定的角度相连。

桩距约在2m左右，每根桩埋入40cm左右，将桩周围的土壤压实，并在桩边栽一棵高约1m的树苗，当地称为“一桩一树”。在重庆石柱及湖北利川带多栽培柳杉、白马桑、山茱萸、杜仲为多，柳杉可以作棚材，白马桑可用作林下栽连，山茱萸、杜仲则可增加经济收入。

用遮阳网遮阴时，需在40cm左右用细铁丝捆紧，遮阳网与遮阳网边缘也得用细铁丝捆紧，棚架四周用石块或土块将网缘压紧，防止风吹起。在冬天来临时，则需将遮阳网束起，防止积雪压垮。

图5-5　水泥桩代替木桩

2. 林间栽连

林间荫蔽分为自然林和人工造林两种。

自然林栽黄连：选择荫蔽良好的林地，以常绿林、混交林为宜，或者当地春季发叶早、秋季落叶迟的落叶林亦可。连农的实践经验证明，树种以四季青、红马桑、白马桑、松、柳杉等树最为适宜。树冠高度以330cm左右的大灌木或小乔木为好。高大的阔叶乔木林下的雨水冲刷力强，黄连成活率低，不宜作栽连地。同时由于大乔木树枝茂密，不易修枝，荫蔽过大，树下黄连长势差，黄连产量低，品质不好。

在选好林地后，首先将林内地面竹子、荆棘及一切杂草除净，对灌木、乔木进行选留，使林变为“亮脚林”。其次根据树冠的荫蔽情况，“看天不看地”，即砍去多余的小灌木，在荫蔽过大的地方，砍去部分大树或砍修部分树枝。在荫蔽不够的地方，要栽树或补搭蔽荫棚，以保证林内荫蔽适当、均匀。到后期黄连需光时要修枝敞阳。

人工造林栽黄连：一是选坡度在20°以内的熟地或轮作撂荒地，用柳杉树与白马桑、红马桑或者“三木药材”等混合，按株行距120cm栽植，树冠封林后即开沟作厢栽黄连，栽两三季黄连后，树已封林，即可按自然林栽黄连的办法继续栽黄连。二是在黄连生长地中植树，黄连收获后树木即已成林，这是最好的造林栽黄连的方法。

此外，还可采用立体种植，用水泥桩搭棚，再隔120cm距离种植猕猴桃、金银花或绞股蓝等，既可达到庇荫的目的，又可以提高经济效益、保护生态。

图5-6　白马桑林间栽连

（三）移栽方法

1. 移栽时间

移栽宜在阴天或雨后晴天进行，先剪去黄连秧苗部分须根，留1.5cm长，再用多菌灵水浸泡半小时后，进行栽植。如挖起的苗，当天未栽完，应摊放于阴湿处。次日再栽时应再次洗根。修剪须根后洗根，既刺激须根生长，又可增加成活率。

所栽的“春排”苗中，在2～3月所栽的秧苗，雪化后、黄连新叶未长出前，栽后成活率高，移栽后不久即发新叶，长新根，生长良好，入伏后，死苗少，是比较好的栽连时间，称为“栽老叶子”。第二个时期是在5～6月，此时新叶已经长成，秧苗较大，栽后成活率高，生长亦好，群众称为“栽登苗”。

黄连种苗应选择2～3年生、具有4片以上真叶、株高6cm以上的健壮苗作为移栽苗。多选择当年秧子或原蜂秧子，移栽后成活率高。剪口秧子为无性繁殖材料。在采收黄连时，将带芽的根茎剪下，根茎长1cm左右，带有须根。这种秧子缩短栽培年限，约3～4年即可收获。

2. 栽培方法

在栽秧苗前，将厢面用齿耙梳一遍，将草根石块仔细梳去。梳时应注意厢面上部的土壤应稍厚，以防雨水等的冲刷。同时厢面必须弄成中高侧低的瓦背形，以备排水。梳土应选在晴天或者阴天进行，切勿在雨天梳地，以免破坏土壤结构，影响秧苗栽后的成活及发育生长。更应现梳现栽，如果当天的梳土没有栽完，第二天栽秧苗前应再行梳地一次才能移栽。

移栽前，秧苗采用钼酸铵1：500倍水溶液浸根2小时；或用5ppm 2,4-D溶液浸根12小时，可促进幼苗发根和加速生长。

目前一般采用的是手指栽秧子，即以左手握秧苗的柄叶，右手取苗1株，并用右手食指压住幼苗根茎向土中插下旋转半周后，取出手指将连苗留在孔穴中，然后把秧苗扶正，将手指留下的孔穴覆土填盖即可。

图5-7　黄连移栽

3. 栽培密度

根据黄连栽培土的营养成分及植株矮小的特点，适宜栽植规格一般为10cm的方窝，即连农习惯称“一跨三窝”，就是在栽时将大拇指与食指张开量比，在大拇指与食指尖处各栽1株，在两指之中又栽1株，其株行距都是如此，为正四方形，每亩约6万株。若土壤特别肥沃的地方也可采用10cm×12cm的株行距，个别棚土特别瘦瘠，可采用株行距8cm的方窝。每亩栽苗5.5万～6万株。

栽培深度依苗大小及移栽期而定，小苗栽浅些，大苗栽深些。“春排”稍浅有利发叶，“秋排”栽深有利防冻。天旱时可栽深些，一般以土表刚好壅过根茎处为度，过深过浅皆不适宜。在栽秧苗时，应注意不能将苗子根部或叶柄弯曲栽下（即所谓栽“弯脚秧”），也不要栽双株秧子，不好的过细的秧苗干脆不栽，不能一窝栽双株或者多株秧子。

三、田间管理

（一）施肥培土

黄连是喜肥作物，开始一、二年生长较慢，直到第三、四年才进入旺长期。根据这一特点，故除在移栽前施足基肥外，每年都需要大量追肥，更应追肥重于基肥，才能提高黄连产量和质量。

黄连根茎具有向上生长而又不长出土面的特性，必须逐年培土（习惯称“上泥”），以促进根茎生长（伸长）。“面泥”可以是腐殖土、熏土或者是生土。撒“面泥”时必须撒均匀，不能厚薄不一，也不能一次上得过多，以免引起根茎节间突然迅速伸长，形成细长的“过桥”，反而降低黄连的产量和质量。施面泥可与施肥结合，即施肥后，即时上面泥。

第一年，在栽后7天以内，即应施肥一次，连农称“刀口肥”。每亩以腐熟细碎的厩肥1000千克或熏土1000千克拌腐熟的人畜粪尿均匀撒于厢面。移栽约一个月左右，当秧苗发根后，每亩可用尿素7千克或者碳酸氢铵15千克拌细土在晴天无露水时撒施，撒肥后即用竹子或细树枝在厢面上轻扫一次，将肥料颗粒扫落土里，以免肥料烧叶。

若是春排栽的秧苗，于8、9月份还可施尿素10千克或碳酸氢铵30千克。秋末冬初（10～11月）施肥一次，连农称“越冬肥”。用捣碎的厩肥每亩1000千克拌过磷酸钙100千克，或碳酸氢铵20千克拌熏土1500千克均匀撒于厢面，连农称上“花花泥”。

第二年3月份施春肥一次，每亩用厩肥1500千克，也可单用尿素10千克或碳酸氢铵20千克拌细土撒施。5、6月份每亩施用捣碎腐熟的厩肥1500千克，或熏土2000千克。10～11月份又施冬肥一次。每亩可用厩肥2000千克，拌100千克过磷酸钙及石灰150千克撒施厢面，或单施过磷酸钙150千克后培土1cm左右厚。

第三、四年黄连进入旺长的年龄时期，需肥量较多，因此，5、6月份追肥很重要，可用腐熟厩肥每亩3000千克，拌石灰300千克施用。冬肥每亩用腐熟厩肥3000千克，或熏土4000千克，拌过磷酸钙150千克。撒施后马上培土约3cm左右厚。撒施要均匀，不要厚薄不均。

第五年若不收获，追肥、培土的方法同第四年。若为收获的当年，则只施春肥，不需施秋肥。

（二）除草松土

黄连在移栽后的一、二年内，因苗小，地表空隙较大，再加上土地肥沃，特别是熟土、轮作土栽培黄连，最容易滋生杂草。此外，黄连棚内阴湿，往往生长很多苔藓植物，铺盖黄连地，这些杂草、苔藓与黄连争夺养分，使黄连植株瘦弱、叶子发黄、营养不良，严重影响黄连的生长发育，所以应做到及时除草。

在移栽后的第一、二年内，每年应至少除草4～5次，要求基本上保持厢面上无杂草。林间栽黄连在第二年内结合除草进行一次树旁断根。第三、四年后，连苗已逐渐长大，草也较少，每年只需在春季、夏季采种后及秋季各除草一次。林间栽黄连在第三年内结合除草再进行一次树旁断根。第五年以后，一般不必除草。

“松一次土，长一批叶”，在拔草的同时，必须结合撬松表土，以利新叶再生，但应注意不能把连苗撬松，避免造成黄连苗的死亡。

（三）拦棚边

刚栽好的秧苗幼嫩，最怕强光照射，极易被晒死。为保证黄连棚内有足够的荫蔽度，保持一定的湿度以及防止牛、马、羊进入践踏黄连，在黄连栽秧苗后，立即用竹子、树枝插于棚周，或者用编好的篱笆栏在四周，以利荫蔽。在栏棚时，依照棚的大小和进出方便，需留一至四个门，在平时门应关闭，进棚内作业时将门打开，出棚后即关门。

（四）补苗

在黄连栽培过程中，特别是幼苗阶段，常因棚盖过稀或不匀，阳光强烈照射的地方往往晒死部分连苗；或因干旱、冷冻、栽培不当等原因，也造成连苗死亡而缺苗。补苗最好能做到随时发现缺苗随时补上，但实践中一般分两次补苗。

第一次补苗：在移栽当年的秋季补第一次苗。因幼苗栽后经不住夏季的炎热和干旱，必然会晒死部分秧苗，因此在入秋以后，必须及时进行查苗补苗一次。

第二次补苗：于移栽后的第二年春季补第二次苗。栽后经过第一个冬季、幼苗抗冻力弱，或栽植期晚，连苗扎根不深、不稳，会将一部分连秧的根部冻掀出土面，冻死一部分幼苗，故应于第二年春季进行第二次查苗补苗。并将一些冻掀出土面尚未冻死的黄连秧苗的根重新按入土中，称“按蔸补苗”。

无论在何时补苗，均要挑选大苗、壮苗，尽量让补栽苗的长势能赶上原来的苗稼，使之生长一致，达到高产稳产之目的。

（五）摘花薹

在移栽后的第一、二年的黄连所结的种子不可作种，所以在花薹开始直立时，可以除去花薹。第三、四、五年的黄连，若不需要留种子的棚块，也可以摘除花薹，以免因开花、结实消耗大量养分，而影响根茎生长。经对除去花薹和未除去花薹的黄连产量进行比较，去花薹的黄连可以增产15%左右。

第6章

病虫害综合防治

黄连病虫害的防治坚持贯彻保护环境、维持生态平衡的环保方针及预防为主、综合防治的原则，采用农业防治、生物防治相结合，做好病虫害的预测预报和药效实验，提高防治效果，禁止使用国家禁用农药，将病虫害对黄连的危害降低到最低程度。

第一节　黄连常见病害及防治

一、白绢病

（一）症状

黄连发病初期，地上部分无明显病症状，后期随着温度的增高，根茎内的菌丝穿出土层，向土表伸展，菌丝密布于根茎及四周的土表，最后在根茎和近土表上形成先为乳白色、淡黄色最后为茶褐色油菜籽大小的菌核。由于菌丝破坏了黄连根茎的皮层及输导组织，被害株顶梢凋萎、下垂，最后整株枯死。

图6-1　黄连白绢病

（二）病源

黄连白绢病一般以成熟菌核及菌丝体在土壤、杂草或病株残体上越冬，成为第二年发病的主要初侵染源。据报道有的菌核在土中还能存活五六年以上。病菌可通过带菌种苗及带菌厩肥、水流传播，以聚合体和菌丝体蔓延进行再次侵染。

（三）病菌的生物学特性

罗俊国等人对白绢病的生物学特性进行了研究。白绢病适合生长温度研究表明，温度在29～34℃时，菌丝生长最快，18～24℃生长较快，在高于36℃或低于13℃时，菌丝生长较慢，在高于38℃或低于4℃时菌丝不生长。在18～34℃经过5～6天可形成菌核。

表6-1　不同培养温度的病菌菌落直径（μm）

培养时间（小时）	13℃	18℃	24℃	28℃	34℃	36℃	38℃
24	0	7.3	15.7	20.7	20.0	少数菌丝	0
48	6.7	26.3	43.7	53.0	50.3	6.0	0
72	11.7	48.7	68.0	79.0	79.0	12.3	0

注：n=3

白绢病耐热性研究表示，在室内55℃热水浸5分钟或沸水烫10秒以上可以杀死菌核。用沸水浇5次可杀灭表土和3cm深土层的菌核，但对10cm以下土层的菌核无效。

表6-2 白绢菌核对耐热性试验结果

处理方法	处理菌核数（个）	菌核萌发数（个）	萌发率（%）
沸水浸10秒钟	60	0	0
沸水浸30秒钟	65	0	0
55℃5分钟	110	0	0
50℃5分钟	64	28	43.8
45℃5分钟	75	74	98.7
冷水5分钟	68	68	100
沸水浇灌表土菌核	65	0	0
沸水浇灌3cm深土菌核	70	0	0
沸水浇灌10cm深土内菌核	75	73	97.3
冷水浸（对照）	55	54	98.2

（四）发病与环境关系

复土栽连白绢病的发生最重，熟土和二荒地栽连白绢病的发生相对较轻，林间（老山）栽连白绢病的发生与周围植被构成有关，十字花科、茄科等植物较多的林间栽连，白绢病的发生较重。地势低洼、雨后积水的黄连地比地势高、排水较好的黄连地发病重。海拔低的相对海拔高的，发病期较长，表现病重。荫蔽度70%与荫蔽度50%比较，荫蔽度大的，易发病。沙质土、酸性土或土壤湿度过高，有利于发病。下雨之后，土壤持水量高，也有利于本病的发生。

（五）白绢病综合防治

防治时间：7～8月。最佳防治期：土表有白色菌丝时。

1. 农业防治

采收黄连后的土地可与豆科禾本科作物轮作。实行熟土轮作栽培的，可用生石灰粉500千克翻入土中进行土壤消毒。棚块发病初期，可采用50%的石灰水浇灌。发现病株，及时带土移出黄连棚外深埋或者焚烧掉，并在病害周围撒生石灰粉进行消毒。

表6-3　石灰及草木灰防治试验

处理方法	处理菌核数（个）	菌核萌发数（个）	萌发率（%）
菌核拌石灰粉	80	10	12.5
石灰土壤1：1混合	65	1	1.7
20%石灰乳浸	78	0	0
草木灰浸菌核	60	60	100
清水对照	85	85	100

2. 生物防治

麦麸皮10千克，加水3L，放在蒸笼里蒸1小时，待麦麸凉后，拌入哈茨木霉菌种250g，搅拌均匀即可使用，施在植株周围，使土壤中的木霉大量生长和繁殖，可大大抑制白绢病的发生和蔓延。

3. 化学防治

可用25%多菌灵可湿性粉剂800倍液淋灌。

二、白粉病

（一）症状

黄连白粉病主要危害黄连叶子。发病时如遇干旱，在黄连叶背面呈现红黄不规则病斑，其上遍布小黑点，渐渐扩大成大病斑，直径大小为2～25mm，叶的正面呈现黄褐色不规则的病斑，有时被误认为日灼病，严重者迅速引起叶片枯死。如遇潮湿，叶的正面有一层白色粉状物，叶背仍呈一种红黄不规则病斑，后变成水渍状暗褐斑点，严重时叶子凋落枯死。轻者次年可生新叶，重者死亡缺株。

图6-2　黄连白粉病

（二）病源

越冬后黄连叶片残体上的白粉病子囊壳为次年病害发生的初次侵染源。病原菌为（*Erysiphe polygoni* Dc.）。子囊壳散生，球开或扁球形，黑褐色，直径62～139μm，附属丝菌丝状，有19～43根，长为子囊壳的1～5倍，无隔膜；子囊壳内含3～10个子囊，子囊椭圆形，具明显的柄，大小为（59.4～62）μm×

（30～37.8）μm；子囊孢子矩圆形或椭圆形，无色透明，大小为27μm×6.5μm。

（三）发病与环境关系

多在5月开始发病，7～8月较重。6月前雨水较多，适宜病原子囊壳的溶解，子囊孢子易萌发；7月份气温上升，雨水渐少，适宜分生孢子的扩散和再次侵染，因而病重。连作土栽连白粉病的发生最重，二荒地栽连白粉病的发生相对较轻，林间（老山）栽连白粉病的发生与周围植被构成有关，壳斗科植物较多的林间栽连白粉病发生较重。低海拔（1000m）比高海拔（1500m）发病重。温度高、湿度大、荫蔽度高的环境利于病菌生长。

（四）防治方法

防治时间：5～6月。最佳防治期：叶片表面或叶柄出现白色粉斑时。

1. 农业防治

在3～4月锄第一次草时应仔细将上年留下的枯叶和一些老叶随之除去，以减少初次侵染源。发病初期要及时将病株移出棚外烧毁，防止蔓延。同时，对荫蔽度过大、积水较多的地块应根据黄连的生长状况调节荫蔽度，拆除边棚，及时排水，以降低湿度，减轻病害的流行和蔓延。此外，采取适宜的种植密度，密度大有利于白粉病的发生，如在施肥充足的前提下，可采用7寸3兜的种植密度；同时，对荫蔽度过大、积水较多的地块应根据黄连的生长状况调节荫蔽度，拆除边棚，及时排水，以降低湿度，减轻病害的流行和蔓延。

2. 化学防治

可以喷洒20%粉锈宁可湿性粉剂500～1000倍液，或“农抗120”200倍液防治，或用庆丰霉素80国际单位喷射，或25%多菌灵可湿性粉剂500～1000倍液喷雾。

3. 生物防治

可用清尿泡谷壳撒于叶面，每亩约250千克，撒后几天即可回青。

三、根腐病

（一）症状

发病时须根变黑褐色，干腐，再脱落。初时根茎、叶柄无病变，叶面初期从叶尖、叶缘变紫红色不规则病斑，逐渐变暗紫红色布满全叶；叶背由黄绿色变紫红色，叶缘紫红色。病变从外叶渐渐发展到心叶。病情继续发展，枝叶即呈萎蔫状，初早期尚能恢复，后期则不再恢复，干枯至死。这种病株很容易从土中拨起。

图6-3　黄连根腐病

（二）病源

黄连根腐病致病因素复杂，且未找到确切的致病机理。因此弄清患病植株确切的致病因素是有效防治根腐病的关键所在。但大多数根腐病主要因素有生物因素与非生物因素。非生物因素：土壤水分、土壤板结度和土壤中矿质元素是造成黄连根腐病的3个主要非生物因素。生物因素：造成根腐病的生物因素主要有线虫、病原真菌以及病原细菌等，其中最主要的致病因素为病原真菌，主要是镰刀菌属真菌。据研究，患病黄连植株的根际土中细菌丰度和多样性与健壮植株根际相比较低，其中芽单胞菌门的相对丰度显著低于健株土样。黄连须根浸提液对菌起到一定的抑制作用，黄连根系分泌的酚酸类物质也是影响黄连细菌数的一个重要原因。

黄连种植造成了土壤中pH值、速效磷、脲酶的显著降低和蔗糖酶的显著升高，未栽培黄连土样中变形菌门、放线菌门、泉古菌门的丰度显著低于栽培土样，酸杆菌门则显著高于栽培土样。黄连根腐病土样中，有机碳、过氧化氢酶活性和细菌种群丰度的显著降低及细菌种群多样性的降低有可能是造成黄连根腐病的重要原因。

（三）防治方法

防治时间：4～5月。最佳防治期：叶尖、叶缘有紫红色不规则病斑时。

1. 农业防治

尽可能荒地种植；轮作种植需在撂荒或种植豆科、禾本科作物五年以后才能再栽黄连。切忌连作或与易感此病的药材或农作物轮作。移栽前结合整地，每亩施用生石灰粉500千克消毒土壤。发现病株，及时拔除，并在病穴中施生石灰粉。黄连采收时，应及时将须根及黄连叶清除、填埋。不要将黄连烘干加工的土壤直接返土，因其加工的土中含有大量须根，会破坏土壤生物多样性。

2. 生物防治

目前黄连根腐病防治多采用微生物防治，因生物菌防治不容易造成农药残留。主要微生物菌剂有：枯草芽孢杆菌［*Bacillus subtilis*（Ehrenberg）Cohn］和哈茨木霉（*Trichoderma harzianum*）。具体用法见相关生物菌剂的说明。

四、炭疽病

（一）症状

发病初期，在叶脉上产生褐色略下陷的小斑，病斑扩大后呈黑褐色，中部褐色，并有不规则的轮纹，上面着生小黑点。叶柄茎部常出现深褐色水渍状病斑，后期略向内陷，造成枯柄落叶。天气潮湿时病部可产生粉红色黏状物，即病菌的分生孢子堆。

（二）防治方法

防治时间：3～4月。最佳防治期：叶脉上产生褐色下陷的小斑时。

1. 农业防治

发病后立即摘除病叶，消灭发病中心，冬季清园，将枯枝病叶集中烧毁。

黄连炭疽病的初侵染源为越冬后附着在病残组织和叶片上的病原菌，因此，在第一次锄草时应仔细将上年留下的枯叶和老叶除去，集中深埋和烧毁，以减少初次侵染源。对荫蔽度过大、积水较多的地块应根据植株的生长状况调节荫蔽度，拆除边棚，及时排水，以降低湿度，减轻病害的流行和蔓延。加强肥水管理，增强黄连的长势，适当施用钾肥，提高植株抗病力。

2. 化学防治

亩用75%百菌清可湿性粉剂600g兑水喷雾。

五、日灼病

（一）症状

发病植株叶变红褐色，渐变黑色，叶缘卷缩至全叶枯萎，严重时成片枯死。

（二）发生规律

4～9月发生，以7～8月天气炎热、阳光强烈时最易发生。危害程度决定于棚荫情况，棚盖遮阴不良，未拦边棚，都易发生，幼苗期易发生，沙土易发生。

（三）防治方法

防治时间：4～9月。

补棚、栏边，增加荫蔽度，减低光照强度。如果发生日灼，迅速追肥，促进心叶增长，使新叶发生。

第二节　黄连常见虫害防治

一、蛴螬

（一）症状

蛴螬一般在比较肥沃的土壤中较多，咬食叶柄基部，严重时，成片幼苗被咬断。

主要有大黑金龟子（*Holotrichia geloleri* Faldermann），铜绿丽金龟（*Anomala melolontha* L.）和黑绒金龟子（*Maladera orientalis* Motsch）三种。

（二）防治方法

防治时间：7～9月。最佳防治期：成虫期。

1. 农业防治

栽连前，应于冬季清除杂草，深翻土地，消灭越冬虫卵；施用腐熟的厩肥、堆肥，施后覆土，减少产卵量；栽黄连秧子前半月，每亩用500千克石灰撒于土面，翻入土中，杀死幼虫。

2. 生物防治

白僵菌（2%粉粒剂）防治蛴螬能达到化学药剂的防治效果。

3. 物理防治

利用成虫的趋光性，可利用频振式杀虫灯、黑光灯、白炽灯对成虫进行诱杀；利用成虫的假死性，可以进行人工捕捉。

4. 化学防治

在危害期也可亩用90%敌百虫可湿性粉剂100g（500～1000倍液）浇注。

二、地老虎

（一）症状

常从地面咬断幼苗，并拖入洞内继续咬食，或咬食未出土的幼芽，造成断苗缺株。

（二）防治方法

防治时间：3～4月。最佳防治期：幼虫期。

1. 农业防治

在3月下旬至4月上旬，清除黄连棚周围杂草和枯枝落叶，消灭越冬幼虫和蛹。清早日出之前，检查黄连地，发现新被害苗附近土面有小孔，立即挖出捕杀。

2. 物理防治

诱杀小地老虎：利用草堆诱杀幼虫，在一年生黄连地旁边，堆放些新鲜杂草，每隔6m左右放一堆，幼虫喜欢白天藏在草堆中，每天翻查草堆，杀死幼虫；用糖醋液诱杀成虫，糖醋液的配制是：糖6份、醋3份、白酒1份、90%敌百虫晶体1份、水10份混合调匀装在罐或盆中置于田间，盆离地66～100cm高，可诱杀成虫。

3. 化学防治

2.5%氯氰菊酯乳剂2000倍液；在危害盛期，亩用90%敌百虫晶体粉100g拌切碎的新鲜嫩草撒在黄连厢面诱杀。

三、黏虫

（一）症状

幼虫为害嫩叶片，吃成不规则的缺刻，也为害花薹。大发生时，如2002年，在主产区黄水整片黄连被吃成光杆，严重影响其生长。

（二）防治方法

防治时间：5～6月。

黏虫在黄水地区是偶然发生，一旦发生就是毁灭性。在防治工作上应该做好预测预报和两查两定的工作，即查幼虫数量和查幼虫龄期。防治应掌握诱蛾、灭卵、杀幼虫三个有利环节，将蛾子消灭在产卵之前，将幼虫消灭在3龄以前。

1. 农业防治

在蛾子数量开始上升时（黄水地区5月初～7月中旬）用糖、酒、醋液或其他发酵有酸甜味的食物配成诱杀剂（红糖3份、白酒1份、醋4份、水2份、后在加入0.1%敌百虫）和匀，盛于盆中，每5～10亩放一盆，盆要高出黄连一尺，诱剂保持1寸深左右，每天早晨检查，取出蛾，白天用盖将盆盖好，傍晚打开，5~7天换诱剂一次，连续20~30天。掌握幼虫入土化蛹期，挖土灭蛹。

2. 化学防治

亩用80%敌敌畏乳油100~200g（500~1000倍液）喷洒。在卵期或危害盛期，亩用10%氯氰菊酯乳油20~30ml（2000~4000倍液）喷雾有较好的效果。

第7章

黄连采收及加工

黄连的采收加工是黄连栽培中最后一个环节，也是最为重要的环节。采收期不仅影响黄连的产量，同时也影响黄连的质量。产地加工是否科学也影响着黄连的品质。

第一节 最佳采收期

一、黄连根茎采收期

确定黄连最佳采收期要根据黄连的经济最大化和质量最优化的原则。而经济性则与不同年生产量以及年均折干率密切相关。

（一）黄连不同年生的产量

以石柱黄连为例，研究不同年生黄连的根茎重量的变化，结果如图。

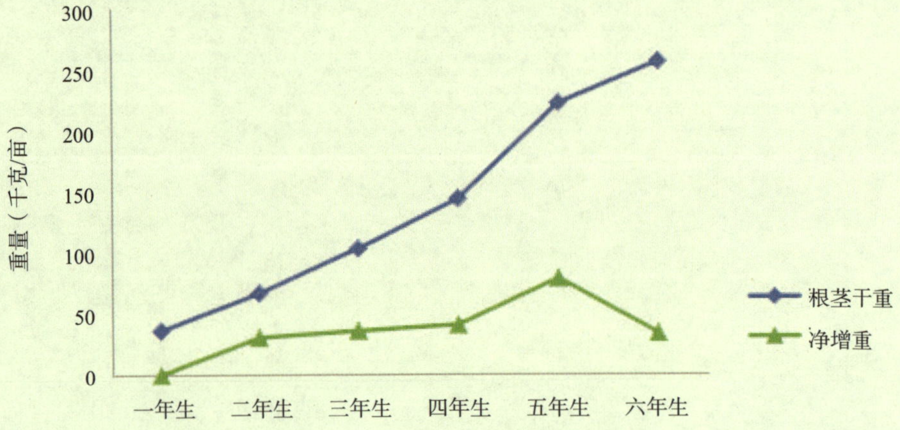

图7-1 不同年生黄连根茎重量及增重

黄连在1～5年中，根茎呈现不断上升趋势，其中以3～4年生长较快，4～5年的根茎增加并不明显。从石柱黄连的采收情况来看，连农多采收五年生的黄连，而5年之后的黄连增幅不太大，且由于垮棚等因素的影响，导致黄连叶的生长受到抑制，光合作用下降，干物质积累也受到影响。此外，黄连在5年之后，烂根的现象不断上升，病虫害不断加重，也限制黄连的生长年限。因此黄连的最佳采收年限以5年为佳。

（二）黄连根茎重量及折干率的月动态变化

在一年的不同月份中，黄连的根茎重量及折干率随着生长期的变化而变化。1～3月份黄连由于上年产生的叶子开始衰老，新叶尚未长出（或叶片未展开），而此时正是开花期，要消耗大量的贮存物质，因而根状茎重量必然减轻；4月份随着叶片数目的增多、叶面积的扩大，合成有机物的能力提高，因而单株根状茎重量大幅度提高，直到7月份达到高峰；10月下旬植株开始形成混合芽，叶片出现衰老，合成减弱，又开始消耗贮存物质来满足生长，根状茎重量必然降低，而12月之后天气转冷，冬季来临，黄连生长处于休眠状态。

再从不同月份的折干率来看，不同年生黄连的根茎在8月前的折干率较低，在8月份达到峰值。根茎的折干率随着黄连生长年限的增加而增加，五年生黄连根茎在8～10月保持较高的折干率。

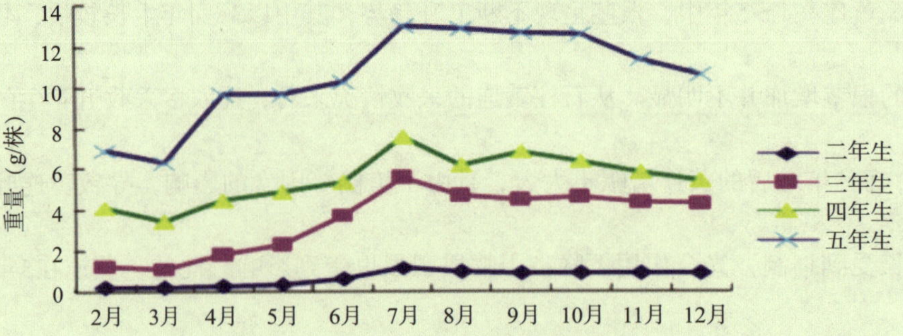

图7-2 不同月份黄连根茎平均株重变化图

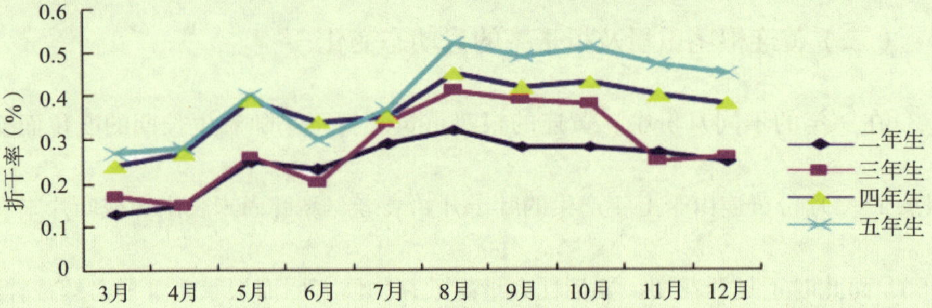

图7-3 不同月份黄连根茎折干率变化图

综合不同月份黄连根茎株重及折干率的变化，黄连最佳采收期为每年的8～10月。

二、黄连根茎小檗碱的动态积累

（一）黄连根茎中的盐酸小檗碱的含量变化

从图7-4可知，二年生黄连根茎中盐酸小檗碱的含量在8月底和9月中旬达到全年的最高峰，12月底其根茎中的盐酸小檗碱含量是当年盐酸小檗碱含量的

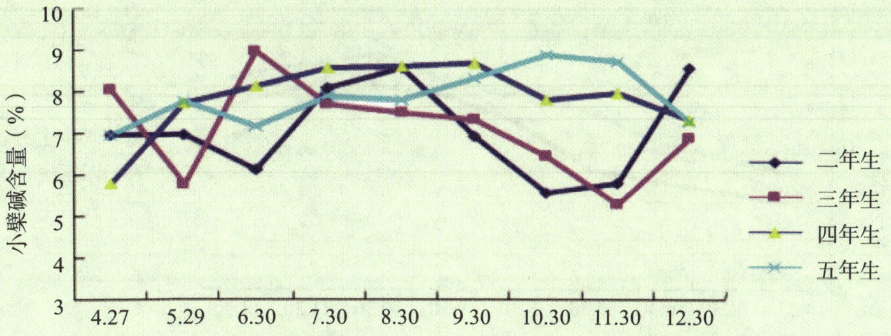

图7-4　不同采样时间小檗碱含量变化图

第二个高峰值，在开花结实期的4月，黄连根茎中的小檗碱含量几乎为全年最低，这可能与开花结实期消耗大量的营养物质有关。

三年生黄连根茎中的有效成分盐酸小檗碱的含量变化趋势为6月底达到最高峰，在开花结实期的4月，黄连根茎中的小檗碱含量几乎为全年最低，到5月中旬逐渐升高，其余各月盐酸小檗碱的含量基本一致。

四年生黄连和五年生黄连根茎中盐酸小檗碱的含量为所测各年份中含量最高，此两年中的盐酸小檗碱的含量尤以9～10月为最高。

（二）黄连根茎中总生物碱的含量动态

不同年生黄连根茎中的总生物碱含量呈逐年上升的趋势。在二至五年生黄连根茎中，以10～11月黄连根茎中的小檗碱含量达到最高值，其中尤以五年生黄连的盐酸小檗碱含量为最高。这与黄连干物质的积累也是在10月左右达到最高峰的情况近似。

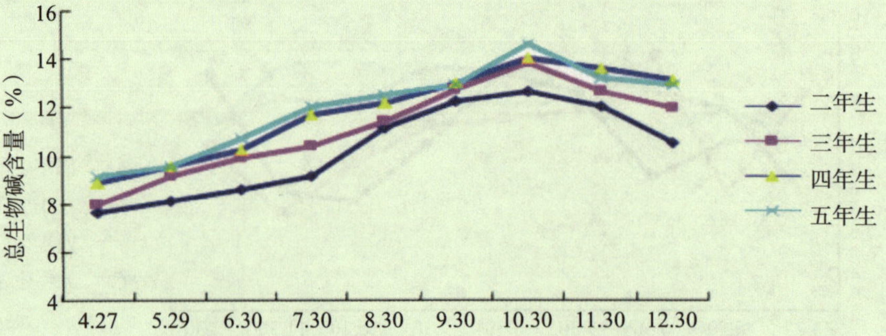

图7-5　不同采样时间总生物碱含量变化图

综合上述，黄连经济量最大月份在7月，折干率最大在8月，而根茎小檗碱含量最高为9～10月，总生物碱含量最高为10～11月。黄连作为药材，其有效成分含量在一定程度上代表其品质，所以，根据质量优先的原则，考虑到气候、海拔的因素，确定黄连最佳采收期为9～11月。

低海拔栽培的黄连可在9月采收，而高海拔栽培的黄连可在10月采收。同时，干燥天气利于采收。

第二节　采收方法

在采收之前，须将待收的黄连棚拆下，将盖材及木桩整理成梱，运回作为烘烤燃烧用柴。准备采收工具，采收工具主要有二齿耙及剪刀，此外，还要撮箕、背篓及运输工具。

不同产区的黄连采收方法并不完全一致，如重庆石柱采收黄连时，一般是将整株黄连挖起，剪去须、叶，此时，称为毛坨子，将毛坨子运回烘烤加工。湖北恩施太山庙采收黄连时，则是先将黄连割去叶，再将黄连挖出，运回，再剪除须根，上烘加工。

石柱黄连采收方法：选晴天挖连，抖落泥沙，用剪刀将须根、叶子连同叶柄一起剪掉，只剩下根茎部分称“毛坨子”。其剪法为“一左二右，三梗子”。剪时注意切勿剪伤根茎，以免影响产量。

剪好的毛坨子运回后，应及时烘烤。如遇晴天，也可将毛坨子在太阳下摊晒，待表面土色变干时，用齿耙翻晒，并拍打毛坨子，抖落黏附在毛坨子上的泥土，通过翻晒，尽量使毛坨子上的泥土抖净，减少烘烧的时间及温度，提高烘烤效率。

第三节　黄连加工方法

一、加工设备

槽笼：竹制，大小不定。一般长150～200cm，编成梭形。笼中部50～60cm，两端笼把各3根，长60cm左右。笼口设在中部，长27cm，宽20cm，两端笼把75cm，全长330cm。

木造板：应备有2～4把，全长125～150cm，板宽10～15cm，板长60cm。其他还有晒席、筛子、簸箕等。

图7-6　黄连脱须的槽笼

黄连炕：建地选在房屋附近，要求地平、土厚、顺风的地块。黄连炕由火门、火道和炕坑三部分组成，火门依地坎而建，约低于炕坑30cm，火道长3m，下端连接火门，上端连接炕坑。火门挖成灶膛圆形，直径和高约60cm。火道挖成宽30cm、深50cm的地沟，修平拍紧沟壁，去掉地沟面上疏松泥土，然后在沟面上盖上一层石板，石板面上覆盖20cm厚的泥土。炕坑挖成长方形，长2m、宽1.6m、深0.5m，炕坑四壁用石块或砖块砌牢，总高1m，高出地面部分四周用泥土围住压紧。

炕筛是放在炕坑上的组合部分，不用时取下存放。炕筛由木板和钢丝网制成，选用木板厚度5cm，宽20cm，长2m和1.6m各两块，做成长方形木框，然后选1.65m钢筋条，用木条将钢筋固定在木框两边。

图7-7　传统黄连烘炕正面及炕面

二、干燥方法

毛炕：把剪好的黄连根茎（坨子），放在炕上堆好，每炕放湿黄连300～800千克。堆好后点火，火力开始不宜过强，应慢慢增大。以避免黄连根茎内湿外干或起泡，影响质量。其温度控制在50～110℃，即：在点火加温的1小时之内，温度保持在50～65℃，加温后1～2小时，温度逐渐由65℃升至100℃。要求勤翻动，每隔10～20分钟，用造板翻动一次。水汽干时，用山耙捶打搓动，抖掉泥土。待根茎表面颜色发白或最小的根茎已干时，便可停火出炕。出炕后，按黄连根茎的大小及干湿程度进行分档，分档后再加温烘炕（称为细炕）。

细炕：先将特大和相对较湿的黄连平铺于炕帘上，用中等火力烘炕，勤翻勤抖，待炕至干湿度与应参兑的黄连相近时就将其加入其中，连农称“对货”，以此类推到炕满。火力由小到大，出炕前几分钟，火力逐渐加大，连农称“爆须”。即：自生火的2小时内，温度保持在60～80℃；2～4小时内，温度保持在80～100℃；4～5小时，温度保持在100～110℃；在出炕的最后半小时内，温度逐渐升至150℃。在细炕干燥的整个过程中，翻造宜勤，可每隔3～5分钟翻造一次，防止炕焦，使干燥均匀，直到全部炕干，外皮呈暗红色，内肉呈甘草色（淡黄色），即停火出炕。

脱毛：经细炕后的黄连根茎（坨子）立即趁热装入清洁无污染的槽笼进行脱毛（打槽笼）。黄连装入槽笼后，将盖子盖好，由2～6人将槽笼抬起来回冲撞，使黄连在槽笼中相互摩擦，去掉须根及所附泥土与残余叶柄（即桩口）。随后，将黄连倒在干燥、清洁无污染的篾席上，用大孔筛子（即炭筛）将黄连筛出，除去石子、土粒、异物及灰渣即为成品黄连。

第四节　炮制方法

一、历史沿革

唐代有炒（《千金翼》）法。宋代有酒炒（《扁鹊》）、姜炒（《旅舍》）、蜜制（《局方》）、蜜泔制（《酒证》）、麸炒（《总录》）、制炭（《史载》）、吴茱萸制（《总录》）、巴豆制（《总微》）等炮制方法。元代增加了土炒（《丹溪》)、童便制(《原机》)等法。明、清以后又增加了醋制、盐制、乳制、黄土姜酒蜜制(《本草汇》)、胆汁制(《景岳》)、酒萸制(《回春》)等方法。并对其炮制目的有较多阐述，如：黄连入手少阴心经，为治火之主药，治本脏之火，则生用之，治肝胆之实火，则以猪胆汁浸炒，治肝胆之虚火，则以醋浸炒，治上焦之火，则以酒炒，治中焦之火，则以姜汁炒，治下焦之火，则以盐水或朴硝研细调水和炒，治气分湿热之火，则以茱萸汤浸炒，治血分块中伏火，则以干漆末调水炒，治食积之火，则以黄土研细调水和炒(《纲目》)。现行，有酒洗、酒拌、姜汁拌、吴茱萸拌、酒炒、醋炒、盐水炒等炮制方法。

二、炮制方法

(1)黄连取原药材，除去杂质，用水洗净、润透，切薄片，干燥，筛去碎屑，或用时捣碎。

(2)酒黄连取黄连片，加入定量黄酒拌匀，稍闷润，待酒被吸尽后，置炒制容器内，用文火加热，炒干，取出晾凉，筛去碎屑。黄连片每100千克，用黄酒12.5千克。

(3)姜黄连取黄连片，用姜汁拌匀，稍闷润，待姜汁被吸尽后，置炒制容器内，用文火加热，炒干，取出晾凉，筛去碎屑。黄连片每100千克，用生姜12.5千克或干姜4千克，绞汁或煎汁。

（4）萸黄连取吴茱萸加适量水煎煮，取汁去渣，煎液与黄连片拌匀，稍闷润，待药液被吸尽后，置炒制容器内，用文火加热，炒干，取出晾凉，筛去碎屑。黄连片每100千克，用吴茱萸10千克。

三、成品性状

黄连为不规则的薄片或碎块，周边黯黄色，粗糙，附有残存细小须根，片面金黄色。质坚硬，气微，味极苦。酒黄连色泽较生片加深，味苦，略带酒气。姜黄连表面棕黄色，味苦，略带姜的辛辣味。萸黄连色泽黯黄色，味苦，略带吴萸的辛辣味。

四、炮制作用

黄连生用苦寒性较强，长于泻火解毒，清热燥湿。适用于肠胃湿热所致的腹泻、痢疾、呕吐、热病、热盛火炽、壮热烦躁、神昏谵语、吐血、衄血、疔疮肿毒、口舌生疮、耳道流脓等证。如用于治热毒壅盛、高热烦躁及痈疽疔疮的黄连解毒汤（《正宗》），治气血两燔的清瘟败毒饮（《疫疹一得》），治热痢泄泻的白头翁汤（《伤寒论》）。

酒炙黄连能引药上行，缓其寒性，善清头目之火。如用于治目赤肿痛、口舌生疮的黄连。如天花粉丸（《准绳》）。

姜炙黄连缓和其过于苦寒之性，并增强其止呕作用，以治胃热呕吐为主。如用于治湿热中阻、胃失和降、恶心呕吐。

吴萸制黄连抑制其苦寒之性，使黄连寒而不滞，以清气分湿热，散肝胆郁火为主。如用于治湿热瘀滞肝胆、嘈杂吞酸、积滞内阻、生湿蕴热、胸脘痞满、泄泻或下痢。

五、炮制研究

1. 对理化性质的影响

黄连中的主要有效成分小檗碱等易溶于水，在热水中溶解度更高。实验证明，黄连切制时，宜在水温较低时进行，并尽量减少在水中的浸润时间，否则易损失药效。目前实际应用中，黄连多在用时捣碎，以避免在切制过程中成分的流失。

黄连经酒、姜汁、吴茱萸汁炮制后，主要化学成分小檗碱、巴马汀、药根碱含量均无明显变化。但有报道证明，随着炮制温度升高，黄连中小檗碱含量有所降低，但炮制可提高小檗碱在水中的溶出率。生黄连中小檗碱的溶出率为58.17%，酒、姜汁、吴茱萸炮制后，溶出率约为85%，说明炮制对小檗碱在煎液中的溶出有促进作用。虽然炮制使小檗碱含量下降，但由于提高了溶出率，煎液中的实际含量比生品高。但另有报道与上述结论不同，认为萸黄连水煎液中总生物碱含量，比生黄连水煎液降低8.68%，小檗碱降低19.35%，巴马汀降低3.45%，认为这与吴茱萸汁制可降低黄连寒性的传统认识相一致。

国外学者研究认为，黄连在加热过程中，可生成一种红色小檗碱型生物碱——小檗红碱。生药加热到130℃、1小时，或180℃、20分钟时开始生成，其含量随加热温度的升高和时间的延长而增加，同时小檗碱相应减少。加热也能使掌叶防己碱、药根碱等发生结构变化。提示要注意研究黄连加热与质量变化的关系。

2. 对药理作用的影响

实验结果表明，黄连经酒、姜汁、吴茱萸汁炮制后，仍有不同程度的抗菌活性，且均出现了炮制前未有的对绿脓杆菌的抑制作用。此外，黄连经姜汁制后对变形杆菌的抑制作用增强，并优于其他炮制品。

第五节　包装贮藏

一、包装材料及方法

选用符合国家中药材运输包装标准的编织袋或新麻袋，内包装选用符合国家食品包装用原纸卫生标准的防潮纸。包装材料要存放在清洁、干燥的库房，包装时由质检科检测，无污染、无破损的包装物才能使用。每件净重30～40千克。经检验合格的批成品，首先检查并清除劣质品及异物，精确过磅后，先装入内包装袋封严，再装入外包装内用专用线绳封口。

二、贮藏

贮藏于干燥通风处。湿度对黄连影响最大，在湿度大的季度应注意检查，发现变湿变软时，应及时干燥处理。仓库内应通气、干燥、避光，具有防鼠虫等措施；库容整洁，地面无缝隙，易清洁；划定库位，设置成品堆放架；完善的消防、安全、防尘设施以及电源、贮运工具、运输通道。

第8章

黄连特色适宜技术

我们在对全国黄连种植基地的调查中发现，各地黄连种植大体过程上较为一致，但也有各自在长期种植过程中积累的适宜技术，现将各地适宜技术总结如下，供黄连栽培应用。

一、黄连移植适宜技术

目前一般采用的是手指栽秧子，即以左手握秧苗的柄叶，右手取苗1株，并用右手食指压住幼苗根茎向土中插下旋转半周后，取出手指将连苗留在孔穴中，然后把秧苗扶正，将手指留下的孔穴覆土填盖即可。这种方法适用于土质疏松之地，如果土质偏硬，会导致黄连与土壤摩擦造成表皮损伤，同时长时间用手指栽秧会造成职业损伤。

点穴移植：使用一种定制“丁字锄”，即锄尖稍尖，中部宽2cm，长18cm的小锄。右手拿锄，左手拿大小一致的黄连苗，挖约10cm的小穴，将黄连苗放入穴中，将周围土壤稍压紧即可。这样的移植方法优点：一是移植的苗子比较稳固，避免雨水冲刷而补苗返工现象；二是减少对人手指伤害。适宜地区：所用地区均可用，特别适宜土质偏硬的土壤使用。

二、遮阳网搭棚适宜技术

现搭棚的方法，多为木桩搭棚和水泥桩搭棚，但顶部的盖材多用树枝。小泥桩为石柱推广的生态栽培技术之一，减少因栽培黄连砍树，保护生态环境。但在其他地区，木桩搭棚仍盛行。特别是顶部的树枝盖材，因干燥脆裂或大雪压顶而导致顶棚的垮塌，影响了黄连生长发育，而补棚劳力强度又大，成本增加。

遮阳网搭棚：一般适宜矮棚，即桩高在1.5m，桩距1.8m左右，木桩顶略尖，以便挂遮阳网。选2针遮阳网，宽为2m，遮阳率在40%～80%为好。先栽好木桩后，将遮阳网打开，两边分别挂于木桩上，即可。一般在11月底后将遮阳网收起，即将一端卷起，放在另一端木桩上即可，待昱年3月底，将遮阳网打开。黄连地周围保持通风。适宜地区：一般适宜海拔1500m以上地区。适用于矮棚，高棚不便收放遮阳网。海拔过低的地区，应注意通风散热。

图8-1　遮阳网做顶棚

图8-2　收起的遮阳网

三、菌包肥施用适宜技术

黄连根茎具有向上生长特点，因而需要不断培土，以利黄连根茎的生长。

菌包肥是指谷糠和棉籽按一定配比，供培植食用菌后的废菌包，再经发酵后的有机肥。使用时，将外表塑料膜除去，集中堆放发酵完全。使用时，将发酵好的菌包肥撒于黄连地，并用树枝将叶面上的菌包料扫落。一亩地撒菌包肥用量为2000千克左右，也可加深层土壤进行配比施用。试验研究表明，因菌包肥含有丰富的氨基酸和微生菌群，施用后明显促进黄连生长，表现在叶片颜色更绿，黄连株高也比对照组的高。施用菌包肥减少了黄连病害的发生，也减轻了黄连连作障碍。同时，也促进资源的循环利用，保护生态环境，因而是一种很值得推广的种植方法。适宜地区：适宜附近有食用菌生产的地区，废菌包需要发酵，以免烧苗。

图8-3　施废菌包肥的黄连

四、竹林下育苗

竹林下育苗属精细育苗的一种。首先选择竹高3～10m、下部无枝的竹类，一般以淡竹、刚竹林为主。将竹子适当间伐，使阳光投射下来成斑驳的光斑，荫蔽度达到黄连种植的要求。整地：在10～11月，先将竹林内的落叶、枯枝、石头等杂物扫去，再将土挖松，深度15cm，整平，围栏。播种：将拌沙的黄连种子撒于土面，每亩用种量以10千克为宜。然后用腐殖土或有机肥再撒盖，一般用量为每亩500千克左右。

竹林育苗的优点：竹林下腐殖土有利黄连生长，同时杂草不易生长，减少了除草的用工。掉下的枯萎竹叶，能缓冲雨水的冲击，还有一定保温作用，能促进种子发芽。适合地区：有合适的竹林的地区。

五、黄连初加工适宜技术

黄连的产地初加工是黄连生产的最后一关，也是关系到黄连质量好坏的重要环节。黄连初加工的目的是脱须和烘干。目前，黄连产地初加工分传统方法加工和机械加工两种方式。机械加工根据加工量大小，又分简易加工烘干脱须机和大型烘干脱须机。由于黄连种植地多为高山地区，且交通不便，需要一个简易烘干脱须机，提高生产效率。现介绍一种产地加工的适宜技术。

本方法是基于传统初加工方法提升，烘干方法仍采用传统地炕法烘干，再将烘炕到一定程度的黄连“毛坨子”放入电动槽笼，打开开关，就可以脱须。电动槽笼就是一个传统的竹制槽笼配上电机和曲轴而成（图8-4）。传统的竹制槽笼，上部开口，利于将黄连“毛坨子”放入，下部有带网眼的挡板，加工好后，用于成品出口。采用电动槽笼加工既保持原来的加工方法，又提升加工效率，减少撞槽笼的劳动强度。加工的黄连脱须效果好。适宜地区：可通电且加工量不大的地区。

图8-4　电动槽笼

第9章

黄连药材质量评价

第一节　本草考证与道地沿革

一、黄连名考

黄连《神农本草经》:“上品，一名王连。”《药性论》一名支连，左思《蜀都赋》云:“风连。”时珍曰:“其根连珠而色黄，故名。”今曹元宇谓:“《艺文类聚》连作莲，俗字。黄、王古通，如黄瓜亦可作王瓜也。按支与栀通，栀子黄色，故支义亦黄也。黄连见《后汉书》甘始等传。又江淹《黄连颂》云:‘黄连上草，丹砂之次’。”其形音兼用。

黄连根据产地，又分为宣连、川连等。如明·陈嘉谟《本草蒙筌》载:“黄连：宣连，出宣城，肥粗，芦少；川连，生川者，瘦小苗多。并取类鹰爪，连珠，不必分地土优劣，日曝待甚干燥，布裹捋净须苗。”其实在宋、元时期，一些著名方书中就早已载川连之名。

味连之名，见《石柱厅乡土志》(1909):“黄连为厅境大利，薮产黄水、双河口等处。一年种子，一年支棚，栽苗越六七年后者为佳。茎高数寸，叶作细棱，形如芫荽。头分数种，有鸡爪、味连、金钩之别，性与雅连相埒。”从此看，其名应是规格不同或当时药农从性状分类为之。《中药志》Ⅰ(1959):

“川牛膝……其他尚有未膝（尾膝、味膝）。味连，别名：川连（东北、华北）、鸡爪黄连、尾连。”二者又皆有尾字头异名，即可视为尾、未、味音近转通，尾有象形如尾（如重庆种出者，曰母珠连，硬芦而扁，头粗尾细），或末尾之意，似有贬义，转而作味以讳其弊，此释义与始出通融，或与“蜀道者味极浓苦，疗谒为最”偶合，其名气看佳，与鸡爪连同出，形近，而与川连等沿用至今。亦有人谓“古代交通多赖驴、马设站运输，喂户必备兽药中有黄连，由‘喂’同音演变并从简为‘味’形成的习称”。

雅连之名，见《本草从新》：“黄连种数甚多：雅州连，细长弯曲，微黄无毛，有硬刺。”由此形态特征，雅连指的就是毛茛科三角叶黄连（*Coptis deltoidea* C. Y. Cheng et Hsiao），产于四川眉山洪雅县、雅安、峨眉的交界处。目前，雅连已申请了地理保护产品标识。

云连之名，见于明·茂兰的《滇南本草》，曰：“滇连，一名云连，人多不识，生陲山，形似车前、小细子……此黄连功效胜川连百倍，气味苦，寒，无毒。”指的就是云南黄连（*Coptis teeta* Wall.）。

二、道地考证

黄连产地最早记载，见于西汉时期的《范子计然》云：“黄连出蜀郡，黄肥坚者善。”晋·左思《蜀都赋》云：“麋芜布濩于中阿，风连莚蔓于兰皋。……

神农是尝。”风连即黄连，莚蔓即蔓延，形容黄连生长茂盛，兰皋即长兰草崖岸，说明黄连生长环境。刘逵注：“风连出岷山，一曰出广都山。”广都在今四川双流县，则知魏晋时黄连已为四川所产。

对于黄连道地性评价，见于南朝梁·陶弘景《名医别录》：“黄连，生巫阳（今重庆市巫山县）川谷及蜀郡（今四川境内）。二月、八月采。”陶弘景尚云：“巫阳在建平（建平郡，今巫山县内），今西间者色浅而虚，不及东阳（今浙江金华及衢江流域）、新安（今浙江淳安以西，安徽新安江流域及江西婺源一带）诸县最胜。临海诸县（今浙江临海一带）者不佳。用之当布裹挪去毛，令如连珠。俗方多疗下痢及渴。”据今调查，“巫阳川谷及蜀郡太山”即今重庆地区及邻近地区，仅有味连分布。“东阳”、“新安”及“临海诸县”即浙江、安徽一带，仅分布短萼黄连，可见自古以来即以重庆、四川为主产地，最早明确记载的药用黄连为味连。

唐《千金翼方·药录纂要》：“药出州土：婺州、睦州、歙州、建州、宣州、饶州、柘州（今四川省松潘县叠溪西，非鄂地）。”

唐·苏敬的《新修本草》则称：“蜀道者粗大节平，味极浓苦，疗渴为最；江东者节如连珠，疗痢大善。今澧州（今湖南澧县）者更胜。”唐·萧柄撰的《四声本草》载：“今出宣州绝佳，东阳亦有，歙州、处州者次。”但分析《千金翼方·药出州土》记载的情况，唐代江南一带黄连产出远胜西蜀，江南道出黄连的州县有婺州、睦州、歙州、建州、宣州、饶州等，而剑南道仅柘州一处出黄连。

宋与唐的记载类似，《本草图经》云："今江、湖、荆、夔州郡亦有，而以宣城者为胜，施、黔者次之。"《证类本草》引萧炳："今出宣州者绝佳，东阳亦有，歙州、处州次之。"

金、元、明、清时期，医家对黄连药效认识加深，以黄连入药的方剂也大为增加。对黄连论述精辟当属明代李时珍，在《本草纲目》云："汉末《李当之本草》，惟取蜀郡黄肥而坚者为善，唐时以澧州为胜，今虽吴、蜀皆有，惟以雅州、眉州者为良，药物之兴废不同如此。大抵有二种：一种根无毛有珠，如鹰、鸡爪形而坚实，色黄；一种无珠多毛而中虚，黄色稍淡。各有所宜。"黄连产地的变更，只是黄连产地兴衰所为，在明代时，湖北、四川（含重庆）为主产地。

清·张璐《本经逢原》："产川中者，中空，色正黄，截开分瓣者为上。云南水连次之，日本吴梦为下。"清·黄宫绣《本草求真》（1769）："黄连出重庆，瘦小，状类鸡爪，连爪连珠者良。"《植物名实图考》："黄连本经上品，今用川中，其江西山中所产者，谓之土黄连，又一种胡黄连生南海及秦陇，盖即土黄连之类，湖北施南出者亦良。"

由此看来，黄连在我国历史上东至鲁南泰山，西达肃东秦州，在黄河以南广大地区多有分布。但四川、重庆很早或者说一直就是黄连的主产地，如《神农本草经》之“巫阳、蜀郡”，《唐本草》所称“蜀道”，唐《千金翼方》中的“柘州”，宋·苏颂《图经》载“夔州”等。大概南北朝及以前，多以川产、渝产、浙产为胜；唐、宋时期转以湘、皖为佳了。到了明清时期，黄连产地又回归重庆、四川一带。

三、原植物考证

黄连植物形态在《蜀本草》中最早描述：“苗似茶，丛生，一茎三叶，高尺许，凌冬不凋，花黄色。”《图经本草》曰：“苗高一尺以来，叶似甘菊，四月开花，黄色，六月结实似芹，子色亦黄。二月八月采根用。生江左者根若连珠，其苗经冬不凋，叶如小雉尾草，正月开花作细穗，淡白微黄色。六七月根紧，始堪采。”苏颂不仅对历史产地进行总结，更首次描述黄连的形态特征。依其所述，花色、叶形、种子色泽，应为毛茛科黄连属植物。而根若连珠则为味连或短萼黄连的形态。

明代李时珍的《本草纲目》，对黄连作了更全面的论述：“黄连，汉末李当之本草，惟取蜀郡黄肥而坚者为善。唐时以澧州者为胜。今虽吴、蜀皆有，惟以雅州、眉州为良。药物之兴废不同如此。大抵有二种：一种根粗无毛有珠，如鹰鸡爪形而坚实，色深黄；一种无珠多毛而中虚，黄色稍淡。各有所宜。”从上述产地和药材形态特征看，其前一种即今之“味连”；后一种即今之“雅连”。

清·吴仪洛的《本草从新》对黄连品种进行了较为深入的考证与对比：“黄连，种数甚多：雅州连，细长弯曲，微黄无毛，有硬刺；马湖连，色黑细毛，绣花针头硬刺，形如鸡爪。此二种最佳。云南连，体松，软毛，无硬刺；古勇连（产于云南古勇山），体重无毛，无硬刺。此二种次之。水连头（又名鲁连，产于川中），体松有毛，无硬刺，又次之。新山连（产于广西），光黄性重，断则淡黄色；土连（产于处州），色黑，团节（马药中用之）；鸡屎连，色黑细小，断则淡绿色。以上三种，服之害人。云景连（产于云南），色黑，断则红色，不入药。川中种连，色黄，软毛，无硬刺，味微苦而薄，服之无效。”

清·赵学敏的《本草纲目拾遗》也对黄连进一步加以考证与分析：“南连，一名王连，浙、温、台、金华山中俱有之。仙姑连出台州仙居县，粗如鸡距，皆作连珠形，皮色青黄，光洁无毛，味大苦寒，折之有烟，色如赤金者佳，疗火症，更捷于川产者，马药非此不可……天姥连出天台，皮色鼠褐，略有毛刺，味苦，入口久含有清甘气，大泻心火，性寒而带散，故治目症尤效。”如赵氏所指出的，有称黄连为“南连”，又有产于处州（今浙江丽水县）者名“处连”，并指出“处连，以形大毛轻者好，性较川连尤寒，北人市去为马药”等。赵氏又称今安徽宣城产的黄连为“宣黄连”；浙江仙居产的黄连为“仙姑连”；浙江天台产的黄连为“天姥连”，及《新修本草》中所云产江东、节如连珠者，以及《植物名实图考》中“土黄连”的原植物经考证，为短萼黄连（*C. chinensis* Franch. var. *brevisepala* W. T. Wang et Hsiao），乃野生黄连的变种。黄连产地虽古今变迁，但药用品种基本一致。本草记载说明，历代正品药用黄连属毛茛科（Ranunculaceae）黄连属（*Coptis*）植物，最早记载的黄连为味连。

其后《本经疏正》：“黄连根株丛延，蔓引相属，有数百株共一茎者，故名连。其治一多蔓延淹久之病。根有二种：一种粗而无毛，有珠，如鹰爪，坚实，色深黄；一种无珠，有毛而中虚，黄色亦淡。”所言如鹰爪、鸡爪形，坚实，色黄者为味连（*Coptis chinensis* Franch.）。而无珠，有毛，中虚，黄色稍淡者应为雅连（*C. deltoidea* C. Y. Cheng et Hsiao）。

味连，今公认原植物为黄连（*Coptis chinensis* Franch.），其建种模式标本采自今渝东北的城口县，在旧川东地区或说现在重庆市辖地，之前也只有该种黄连分布，也正合于本草首载黄连生巫阳川谷之地，即是说“我国历史上最早明确记载的药用黄连为味连”。其形似鸡爪，当然也是首载之川连。为何有此形态？首先是要根茎长分枝，原来“黄连根茎上的侧芽，如果条件适合，可以萌发生成分枝……一般外侧芽发达，易成鸡爪状，而内侧芽发生则形成毛球，商品上不良”。除味连外也有“试种证明，雅连的根茎也能产生较多的分枝”。据史料载雷波、瓦屋山、巫溪、雅州甚至日本等地都出产鸡爪连。但最早记载味连并与鸡爪同用，现见于《石柱厅乡土志》（1909），次后《增订伪药条辩》还谓：“石柱厅种出者曰味连，形似鸡爪连。”长期的种植及培育使优良性状稳定下来，而成量大质优、名实相符的鸡爪连，或说鸡爪连即川连，以此取得外界承认，深受中外人们喜爱。如同名味连，“北岸连单枝多而分枝少”。

谢宗万考证，黄连商品有味连、雅连、峨眉野连、云连与土黄连之分，涉及毛茛科、小檗科、防己科、罂粟科等多种植物，如所谓“土黄连”者则约有14个科数十种植物；尚有进口的胡黄连及民族药“藏黄连”、“鲜黄连”等。这既充分显示了黄连药用的悠久历史，也体现了黄连药用的广泛性与其在医药领域的重要地位。但黄连药用正品乃为毛茛科植物黄连（*Coptis chinensis* Franch.）、三角叶黄连（*Coptis deltoidea* C. Y. Cheng et Hsiao）、云南黄连（*Coptis teeta* Wall.），为历版中国药典所收载。

四、功效考证

黄连的性能和临床治疗应用，最早见于汉代《神农本草经》：“黄连。味苦寒，主热气，目痛，内伤。明目，肠痈，腹痛，下利，妇人阴中肿痛，久服令人不忘。”两晋时期，葛洪《肘后备急方》中首先就有关于黄连治眼病和消渴的叙述：“黄连治卒消渴，小便多。”这亦可能为提及黄连能治消渴病的最早历史记录。

南北朝时期，梁·陶弘景《名医别录》上曾说："黄连主五脏冷热，久下泄澼，脓血，止消渴，大惊，除水，利骨，调胃厚肠，益胆并疗口疮。"说明黄连可以治消渴以及肠胃肝胆疾患。唐代《新修本草》："蜀道者粗大节平味极浓苦，疗渴为最；江东者，节如连珠，疗痢大善。"唐代孙思邈的《千金翼方》中总结性地反映了黄连自古以来到唐为止在临床上的广泛应用：黄连能治痢，治痈疽，疮疡，治眼疾患，治口齿疾患，治消渴。其中关于治疗消渴病而用了黄连的就有9个处方。隋唐时代王焘《外台秘要》上亦广泛地搜采了有关黄连的处方。关于消渴方中的86方中，有26方均有黄连作为君药或使药，关于痢疾共175方，其中有黄连作为君药或使药的计有72方。治痢诸方中，黄连、黄柏多作君药。

宋代《太平圣惠方》治消渴177道方中有50道方都有黄连，从晋到宋的本草记载表明，黄连在治疗痢疾、眼病、肝胆消化系统病方面均有它的特殊功用，尤其在消渴病处方上有它一定的作用。

宋代《日化诸家本草》提及黄连与猪肚蒸为丸，治小儿疳，开辟了黄连在食疗方面应用。唐《药性论》："黄连杀小儿疳虫"，《简要济众方》："黄连治小儿吐血不止"，《子母秘录》："黄连治小儿赤白痢、治小儿耳后月蚀疮、赤鼻疳"，《姚和众小儿方》："黄连治小儿食上"等，黄连已成为儿科要药之一。

黄连成为治痢专药，但也会产生过剂的弊病。寇宗奭说："今人多用以（指黄连）治痢。”但“用不知止”，因而他主张“初病，热多，血痢”三个病证以为黄连治痢的准则，而且在剂量上，他主张不能多服，只要病情好转即止药，虚冷症（如白痢）即不宜服。

金、元、明、清时期，各医药家对黄连品质及药性的认识不断深入，临床用药经验更加丰富。例如，金代名医刘完素在论黄连性味苦寒，功能清热燥湿时则指出：“古方以黄连为治痢之最，盖治痢惟宜辛苦寒药，辛能发散，开通郁结，苦能燥湿，寒能胜热，便气宣平而已。诸苦寒药多泄，惟黄连、黄柏性冷而燥，能降火祛湿，能止泻痢，故治痢以之为君。”金元时期，张洁古总结黄连用途有五：“泻火热一也，去中焦火二也，诸疮必且三也，去风湿四也，赤眼暴发五也。”张载人《儒门事亲》上关于黄连治消渴的记载见该书“三消之说当从火断二十七”中：“……今代刘河间，自制神芎药丸，以黄芩味苦入心，牵牛、大黄驱火气而下，以滑石引入肾经，此方以牵牛为君，以大黄、黄芩为臣，以芎连薄荷为使，将离入坎，真得黄庭之秘旨也……故治消渴最为得体。”这可能是以黄连为使在处方中治疗消渴的最早记载。金元医家王好古在论黄连泻心实功在泻脾时指出：“黄连苦燥，故入心，火就燥也，然泻心，其实泻脾也，为于能令母实，实则泻其子。治血，防风为上使，黄连为中使，地榆为下使。”

明·茂兰的《滇南本草》专就云南黄连药用功效等加以记述，指出：“滇连，一名云连，人多不识，生陲山，形似车前、小细子……此黄连功效胜川连百倍，气味苦，寒，无毒。”而唐代苏敬所述产于江东节如连珠者，即为今华东一带所产的“土黄连”。李时珍尤对黄连久服长生之说加以匡正：“本经（指《神农本草经》）、别录（指《名医别录》）并无黄连久服长生之说，惟陶弘景官道方久服长生。《神仙传》载封君达、黑穴公，并服黄连五十年得仙。窃谓黄连大苦大寒之药，用之降火燥湿，中病即当止。岂可久服，使肃杀之令常行，而伐其生发冲和之气乎？《素问》载岐伯言：五味入胃，各归其所喜攻。久而增气，物化之常也。气增而久，夭之由也。王冰注云：酸入肝为温，苦入心为热，辛入肺为清，咸入肾为寒，甘入脾为至阴而四气兼之，皆增其味而益其气，故各从本脏之气为用。所以久服黄连、苦参反热，从火化也。余味皆然。久则脏气偏胜，即有偏绝，则有暴夭之道。……观此则寒苦之药，不但使人不能长生，久服气增偏胜，速夭之由矣。当以《素问》之育为法，陶氏道书之说，皆谬谈也。黄连，治目及痢为要药。古方治痢，香连丸（木香、黄连）。姜连散（干姜伍）。变通丸（茱萸伍）。姜黄散（生姜伍）。治消渴用酒蒸黄连。治下血，大蒜伍。治口疮，细辛为伍。皆一冷一热，一阴一阳，寒因热用，热因寒用，君臣相佐，阴阳相济，最得利方之妙，所以有成功而无偏胜之害也。”

明代的另一位本草学家缪希雍也同样认为黄连可以疗脏毒，在他的《本草经疏》中对《别录》关于黄连的记载这样地分析：“《别录》兼主泄澼，泄者，泻利也；澼者，大肠下血也，俗呼为脏毒。”“脏毒”就字义上说，这是科学地对黄连治疗肠疾患的最好注释。

清代，对黄连的药理性能又有了更加完整的总结，各家论点差异不大。据清杨时引刘守真语：“诸寒药多泄，惟连药性冷而燥，能降火去湿而止泻痢，故治痢以之为君，盖治痢惟宜辛苦寒药，辛能发散，开通郁结，苦能燥湿，寒能胜热，使气宣平而已。”徐大椿《神农本草经百种录》中对《本经》关于黄连的条文作了经典式的注释：“‘主热气’意在除气分之热，‘目痛眥伤，泪明目’意在除在上湿热，‘肠辟腹痛下痢’意在除中湿热，‘妇人阴中肿痛’意在除下湿热，‘久服令人不忘’意在苦入心能补心。”徐大椿认为黄连乃是以苦燥湿，以寒除热的专药。

清代张志聪《本草崇原》：“黄连味苦气寒，禀少阴水阴之精气，主治热气者，水滋其火，阴济其阳也。…目痛眥伤泣出者，火热上炎于目，则目痛而眥肉伤，眥伤则泣出，又曰明目者，申明治目痛眥伤泣出，以其能明目也，肠辟者，火热内乘于阴，夫热淫于内，薄为肠辟，此热伤阴分也。腹痛下痢者，风寒暑湿之邪，伤其经脉，不能从肌腠而外出，则下行肠胃，至有肠痛下痢之症，黄连泻火热而养阴，故治肠辟腹痛下痢。妇人阴中肿痛者，心火协相火而交炽也，黄连苦寒，内清火热，故治妇人阴中肿痛。久服令人不忘者，水精上滋，泻心火而养神，则不忘也。”他从黄连生长孕育的特性联系到它主治的疾病，黄连不仅泻火热而且能养阴。

综上所述，黄连历来为医家常用的苦寒降火、清热燥湿要药，其疗效高、用途广。黄连在汉代主要用于医治眼病、痢疾、疮疡和热实之症，到了魏晋南北朝更加以扩大用以治疗消渴和肝胆肠胃疾患。至宋代，又肯定了它能安蛔为小儿病要药及有诸疮必用的临床用药特点。宋、金、元时期，寇宗奭和刘完素等系统的阐明并建立了黄连治痢的三个原则，“初病，热多，血痢”，同时，肯定了它在处方中不仅作为重要的君药亦作为重要的使药。明清时期，由于药物、方剂、炮制等的发展，对黄连的性能有了更完整的总结。经历代医药学家的临床实践应用、研究和充实发展，肯定黄连有泻火、燥湿、清热、解毒的功能。在治疗痢疾、消渴、肿痛、目疾、妇科和小儿疳虫等病证上都有显著的疗效。

第二节　药材标准

药材性状、显微特征应符合《中华人民共和国药典》（2015年版）一部关于“黄连”的描述。

一、性状鉴别

味连：根茎多簇状分枝，弯曲互抱，形似倒鸡爪状，习称“鸡爪黄连”，单枝类圆柱形，长3～6cm，直径0.3～0.7cm：表面灰黄色或黄棕色，外皮剥落处显红棕色，粗糙，有不规则结节状隆起、须根及须根残基，部分节间平滑，习称“过桥”。上部具棕色鳞叶残基。质坚实，折断面不整齐，呈红黄色，外层色深有红点，内层色浅有菊花纹，中间偶空心。味极苦。

雅连：多单枝，略呈圆柱形，微弯曲，长4～8cm，直径0.5～1cm。“过桥”较长，面端有少许残茎。质坚而轻。

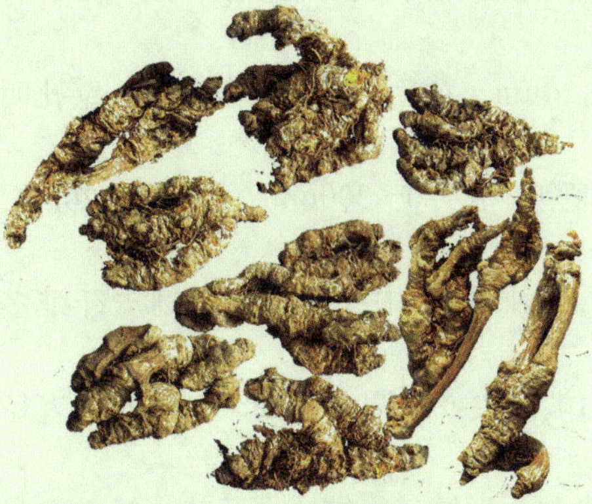

图9-1　味连药材

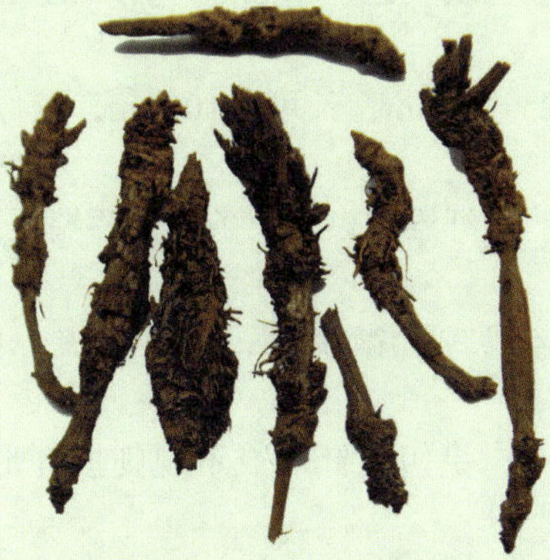

图9-2　雅连药材

云连：多为单枝，弯曲呈钩状，较细小，形如“蝎尾”，长2～5cm，直径2～4mm。有“过桥”。折断面较平坦，黄棕色。

图9-3　云连药材

二、显微鉴别根茎横切面

味连：木栓层由数列木栓细胞组成，有的外侧附有鳞叶组织。皮层较宽，成群或单个散在，呈类方形或长方形，孔沟明显。中柱鞘纤维束木化，或伴有少数石细胞。维管束环列，束间形成层不明显；木质部导管较小，木薄壁组织木化，射线宽窄不一，有的木射线亦木化；髓部偶有石细胞群散在。其粉末呈黄棕色或黄色，味极苦，石细胞为类方形、类圆形、类多角形或不规则形，直径25～65μm，长可达100μm，壁厚可达20μm，黄色，木化或微木化，壁孔明显。木纤维成束，长条形，两端钝圆略倾斜，长120～300μm，直径15～20μm，壁不甚厚，微木化，壁孔稀疏，圆形或扁圆形。中柱鞘纤维及韧皮纤维多成束，呈短披针形或不规则披针形，两端渐尖或钝圆，长80～120μm，直径15～35μm，壁较厚。导管主为孔纹，少数为网纹或螺纹，短节状。淀粉粒多单粒，圆形或类圆形，直径2～3μm，层纹、脐点均不明显。鳞叶表皮细胞呈长方形或长多角形，黄棕色，排列整齐，壁呈微波状弯曲。还可看到木栓组织碎块等。

雅连：与味连区别在于髓部石细胞较多，其周围有纤维束散在。粉末色略深，呈金黄；石细胞较多，鲜金黄色，形状多种，不规则条形或长椭圆形，最长可达120～140μm。

云连：皮层、中柱鞘及髓部均无石细胞。

三、理化鉴别

应符合《中华人民共和国药典》（2015年版）一部关于黄连的理化鉴别要求。

（一）荧光显色

本品折断面在紫外光灯下显金黄色荧光，木质部尤为显著。

（二）检查小檗碱

取本品粉末约1g，加乙醇10ml，加热至沸腾，放冷，滤过，取滤液5滴，加稀盐酸1ml、氯石灰（漂白粉）少量，即显樱红色；另取滤液5滴，加5%五倍子酸的乙醇溶液2～3滴，蒸干，趁热加硫酸数滴，即显深绿色。

（三）检查小檗碱的盐酸盐或硝酸盐

取本品粉末或切片，加稀盐酸或30%硝酸1滴，片刻后镜检，可见黄色针状结晶簇，加热结晶显红色并消失。

（四）薄层色谱

取本品粉末0.25g，加甲醇25ml，超声处理30分钟，滤过，取滤液作为供试品溶液。另取黄连对照药材0.25g，同法制成对照药材溶液。再取盐酸小檗碱对照品，加甲醇制成每1ml含0.5mg的溶液，作为对照品溶液。照薄层色谱法（通则0502）试验，吸取上述三种溶液各1ml，分别点于同一高效硅胶G薄层板上，以环己烷-乙酸乙酯-异丙醇-甲醇-水-三乙胺（3：3.5：1：1.5：0.5：1）为展开剂，置用浓氨试液预饱和20分钟的展开缸内，展开，取出，晾干，置紫外光灯（365nm）下检视。供试品色谱中，在与对照药材色谱相应的位置上，显4个以上相同颜色的荧光斑点；对照品色谱相应的位置上，显相同颜色的荧光斑点。

四、含量测定

色谱条件与系统适用性试验：以十八烷基硅烷键合硅胶为填充剂；以乙腈-0.05mol/L磷酸二氢钾溶液（50：50）（每100ml中加十二烷基硫酸钠0.4g，再以磷酸调节pH值为4.0）为流动相；检测波长为345nm。理论板数按盐酸小檗碱峰计算应不低于5000。

对照品溶液的制备：取盐酸小檗碱对照品适量，精密称定，加甲醇制成每1ml含90.5μg的溶液，即得。供试品溶液的制备：取本品粉末（过二号筛）约0.2g，精密称定，置具塞锥形瓶中，精密加入甲醇-盐酸（100：1）的混合溶液50ml，密塞，称定重量，超声处理（功率250W，频率40kHz）30分钟，放冷，再称定重量，用甲醇补足减失的重量，摇匀，滤过，精密量取滤液2ml，置10ml量瓶中，加甲醇至刻度，摇匀，滤过，取续滤液，即得。

测定法：分别精密吸取对照品溶液与供试品溶液各10μl，注入液相色谱仪，测定，以盐酸小檗碱对照品的峰面积为对照，分别计算小檗碱、表小檗碱、黄连碱和巴马汀的含量，用待测成分色谱峰与盐酸小檗碱色谱峰的相对保留时间确定。

表小檗碱、黄连碱、巴马汀、小檗碱的峰位，其相对保留时间应在规定值的±5%范围之内，即得。

本品按干燥品计算，以盐酸小檗碱（$C_{22}H_{18}C_{1}NO_{4}$）计，含小檗碱（$C_{22}H_{17}NO_{4}$）不得少于5.5%，表小檗碱（$C_{20}H_{17}NO_{4}$）不得少于0.80%，黄连碱（$C_{19}H_{13}NO_{4}$）不得少于1.6%，巴马汀（$C_{21}H_{21}NO_{4}$）不得少于1.5%。雅连按干燥品计算，以盐酸小檗碱（$C_{20}H_{18}C_{l}NO_{4}$）计，含小檗碱（$C_{20}H_{17}NO_{4}$）不得少于4.5%。云连按干燥品计算，以盐酸小檗碱（$C_{20}H_{18}C_{l}NO_{4}$）计，含小檗碱（$C_{20}H_{17}NO_{4}$）不得少于7.0%。

总灰分不得高于5.0%，酸不溶灰分不得高于1.5%。黄连商品药材的安全水分为11%～13%。

检查砷盐：取本品1.0g，依法检查（《中华人民共和国药典》(2015年版）一部附录Ⅸ F），砷盐含量≤2.0mg/kg。重金属总量≤20.0mg/kg。Hg≤0.2mg/kg，Cd≤0.3mg/kg，Cu≤20.0mg/kg，Pb≤5.0mg/kg。

检查农药残留量：六六六（总BHC）≤0.1mg/kg；滴滴涕（总DDT）≤0.1mg/kg；粉锈宁≤0.2mg/kg；多菌灵≤0.5mg/kg；百菌清≤1.0mg/kg；敌百虫≤

0.1mg/kg；敌敌畏≤0.2mg/kg。

第三节　质量评价

一、黄连HPLC指纹图谱

黄小平等采用HPLC指纹图谱方法，对10批石柱黄连进行HPLC指纹图谱分析，指纹图谱相似度达0.95以上。黄彦珺等对20批黄连进行指纹图分析，有16个共有峰，其样品相似度均大于0.99，说明所建立的化学指纹图谱方法能较好地用于黄连质量评价。

张建峰等采用黄连UPLC-MS/MS指纹图谱方法，确定了18个共有峰，并根据对照品和参考文献指认了5个共有峰，对11批不同产地和品种的药材进行了相似度考察，其相似度在0.90以上。首次建立了黄连药材UPLC-MS/MS指纹图谱分析方法，该分析方法快速、灵敏、简便，可为黄连药材各品种的质量控制提供实验依据。

二、"一测多评"评价方法

钟国跃等基于"有限成分组合质量标准"的理论，建立评价黄连（味连）

药材质量的方法，首次采用“一测多评”的手段对黄连药材、中成药进行质量分析，用小檗碱、黄连碱、药根碱、巴马汀四种生物碱，充分地反映和控制黄连（味连）的总体质量水平，有效反映中成药中黄连的使用情况，并首次引入《中国药典》(2010年版)“黄连”药材质量评价。

三、^{1}H-NMR指纹图谱研究

陈玉兰等采用^{1}H-NMR方法对不同产地18份黄连样品的指纹图谱进行了分析，结果表明，同一产地具有很好的相似性，表明黄连样品间特征化学成分在相对组成和结构方面具有一致性。其中，峨眉、洪雅的样品与重庆石柱样品差异较大。^{1}H-NMR与HPLC指纹图谱比较，具有简便、稳定、信号峰较多、表征的化学信息更多、重现性好的优点。秦海林等通过建立黄连的专属性对照物质及其核磁共振氢谱（^{1}H-NMR）和高效液相色谱（HPLC）指纹图谱，用于其基源鉴定，结果有较好的重现性。

四、NIR指纹图谱研究

范刚等采用TR-3700C近红外分析仪测定了不同产地134个黄连药材样品。从其近红外PCA分散点图可以看出，地域相近的黄连样品会聚类在一起，如重庆石柱与湖北利川的样品聚在一起，四川省的样品会聚类在一起。云连、雅连

样品与味连样品完全分开。

五、分光色度法评价

吉光见稚代等，采用测色计测定黄连色度、HPLC检测黄连生物碱的含量，建立色度与生物碱含量之间的相关标准。结果显示，黄连色度与成分含量之间显著性相关。D65光下的a*值与4个生物碱总含量r=0.77，p<0.05、黄连碱r=0.89，p<0.01，b*值与巴马汀r=0.70，p<0.10。此外，在F11光下a*值与小檗碱r=0.87，p<0.01。因此，D65光下观察黄连色度，可以推测黄连碱与巴马汀的含量和药典收载的4个生物碱的总含量，F11光下可以推测小檗碱的含量。用同一品种不同等级的黄连样品，黄连色度显示总生物碱含量有差别。该方法特别对饮片中药、粉末中药有效，操作简单、节省时间、成本低、可行性高、易普及。

六、谱效评价

唐光曦等，首次把指纹图谱与生物活性结合进行研究。采用RPHPLC建立了黄连完整特征指纹图谱，它不仅保证了对生物碱成分（7个共有峰）的分离，同时也首次对保留时间靠前的大极性非生物碱物质（9个共有峰）进行了有效分离，共得到16个共有指纹峰。该指纹图谱1～9号色谱峰主要为非生物碱成分，色谱峰10～16主要为生物碱成分。然后对各指纹峰与体外改善胰岛素抵抗活性进行了相关性分析，以3T3-L1前脂肪细胞为实验细胞，认为除巴马汀外，3、6、7、10号峰与改善胰岛素抵抗活性相关性较强；同时，药根碱及5号峰与改善胰岛素抵抗活性为显著正相关，而9号峰呈显著负相关。黄连中5个主要生物碱的相关性排序由强至弱分别为巴马汀、表小檗碱、药根碱、黄连碱、小檗碱。由此说明仅仅由小檗碱或几种主要生物碱来控制黄连的质量是片面的，不能代表黄连的整体情况，应同时结合化学分析与生物效应来控制黄连质量。

七、药效学评价

陈玉兰对不同产地黄连样品抗内毒素活性进行了比较研究。发现黄连体外最低内毒素浓度为0.625mg/ml，采自峨眉、江雅的部分样品具有明显的抗内毒素活性。

第10章

现代研究与应用

第一节 化学成分

生物碱类化合物，分别为小檗碱（berbenne）、巴马汀（palmatine）、黄连碱（coptisine）、表小檗碱（epiberberine）、药根碱（jatrorrhizine）、非洲防己碱（columbamine）、groenlandicine、木兰花碱（magnoflonne）、8–氧化黄连碱（8–oxocoptisine）、氧化小檗碱、甲基小檗碱、唐松草林碱、N–顺式阿魏酰基酪胺、3–吲哚甲醛、吡咯烷酸–5–甲酸乙酯。

有机酸类化合物，分别为5–阿魏酰奎宁酸（5–*O*–feruloyl–D–quinicacid）、4–阿魏酰奎宁酸（4–*O*–feruloyl–D–quinicacid）、3–甲氧基–4–羟基苯甲酸（3–methoxy–4–hydroxybenzoicacid）、阿魏酸（ferulic acid）、香草酸–4–*O*–*β*–D–葡萄糖苷（vanillicacid–4–*O*–*β*–D–glucopyranoside）、3–（3′，4′–二羟基苯基）–（2*R*）–乳酸–4′–*O*–*β*–D–吡喃葡萄糖苷［3–（3′，4′–dihydroxyphenyl）–（2*R*）–lacticacid–4′–*O*–*β*–D–glucopyranoside］、3–（4′–羟基苯基）–（2*R*）–乳酸［3–（4′–hydroxyphenyl）–（2*R*）–lacticacid］、3–（3′，4′–二羟基苯基）–（2*R*）–乳酸［3–（3′，4′–dihydroxyphenyl）–（2*R*）–lacticacid］、3–（3′，4′–二羟基苯基）–（2*R*）–乳酸甲酯［3–（3′，4′–dihydroxyphenyl）–（2*R*）–lacticacidmethylester］、香草酸（vanillic acid）。

木脂素类化合物，分别为异落叶松树脂素-9-*O*-D-吡喃葡萄糖苷（isolarisiresinol-9-*O*-D-glucopyranoside）、（+）-松脂醇-4，4′-*O*-β-D-吡喃葡萄糖苷［（+）-pinoresinol-4，4′-*O*-β-D-diglucopyranoside）、7*S*，8*R*，8′*R*-（+）-落叶松脂素-4，4′-*O*-β-D-吡喃葡萄糖苷［7*S*，8*R*，8′*R*-（+）-larisiresnol-4，4′-*O*-β-*D*-diglucopyranoside］、7*S*，8*R*，8′*R*-（+）-落叶松脂素-4-*O*-β-D-吡喃葡萄糖苷［7*S*，8*R*，8′*R*-（+）-lari-siresinol-4-*O*-β-D-glucopyranoside］、erythro-guaiacylglycerol-8-*O*-4′-（coniferylalcohol）ether、threo-guaiacylglycerol-8-*O*-4′-（coniferyl-alcohol）ether、（+）-松脂醇［（+）-pinoresinol］、（+）-5′-甲氧基松脂素［（+）-5′-medioresinol］、（+）-落叶松树脂醇［（+）-lariciresinol］、（+）-5′-甲氧基落叶松树脂醇［（+）-5′ -methoxylariciresinol］、（+）-异落叶松树脂醇［（+）-isolariciresinol］、开环异落叶松脂醇。

苯丙素（苯丙酸类有机酸或酯）类：绿原酸（chlorogenic acid）、阿魏酸（ferulic acid）、*Z*-咖啡酸硬脂醇酯（*Z*-octadecylcaffeate）。

黄酮：鼠李素（rhamnetin）、汉黄芩素（wogonin）。

酚酸：香草酸（vanillic acid）。

有机酸酯类：落叶松树脂醇、原儿茶酸乙酯。

酰胺类化合物：反式阿魏酰基酪胺。

第二节 药理作用

一、抗病原微生物的作用

黄连及小檗碱对多种革兰阳性和阴性菌有抑制作用，其中对金黄色葡萄球菌、溶血性链球菌、肺炎链球菌、脑膜炎球菌、霍乱弧菌、炭疽杆菌、痢疾杆菌（宋氏除外）等均有较强的抗菌作用；对白喉杆菌、枯草杆菌、肺炎杆菌、百日咳杆菌、鼠疫杆菌、布氏杆菌、结核杆菌也有抗菌作用。小檗碱低浓度抑菌而高浓度杀菌。金黄色葡萄球菌、溶血性链球菌及福氏痢疾杆菌对小檗碱极易产生抗药性。黄连对鸡胚培养的各型流感病毒（PR_8株、甲型流感病毒56–S_8株、亚甲型流感病毒FM1株、乙型流感病毒Lee株、丙型流感病毒1233株）、新城鸡瘟病毒以及柯萨奇B组3型病毒（CB_3V）有抑制作用。

黄连煎液及水浸液对堇色毛癣菌、絮状表皮癣菌、奥杜盎小芽孢癣菌、白色念珠菌、星状奴卡菌等14种皮肤真菌呈抑制作用。

黄连分别经酒、姜、吴茱萸制后均出现炮制前未有的对铜绿假单胞杆菌的抑制作用；经姜制后对变形杆菌的抑制作用增强。

二、对心脏的作用

（一）兴奋与抑制作用

小檗碱小剂量能兴奋离体猫心脏，大剂量则表现为抑制；在离体蛙心，猫、兔的心耳，犬心肺装置及犬在体心脏中亦呈现这种剂量依赖性双向作用。小檗碱静注在麻醉犬、猫、兔及不麻醉的大鼠中时均有降压作用。麦角毒能翻转小檗碱的降压作用为升压作用。注射大剂量阿托品后，小檗碱能阻断N1受体使乙酰胆碱的升压作用转变为降压作用。小檗碱还作用于颈动脉窦的化学感受器，使血压升高，呼吸兴奋。小檗碱2.5～5mg/kg给兔和猫静注后，心电图呈心率加快，P–Q间期缩短，Q–T间期延长及T波增高。小檗碱以每小时10mg/kg给犬静滴，5分钟时使心率加快，30分钟时心率开始减慢，随着剂量增大，P–Q间期及Q间期呈进行性延长，心率明显减慢。其衍生物四氢小檗碱也有轻度降压作用。

（二）对心肌缺血及心肌梗死的保护作用

小檗碱可显著降低衰竭心脏的心肌耗氧，保护因心肌缺血造成的心肌损伤，改善梗死后衰竭心室功能。对高K^+收缩的冠状动脉条有明显的松弛作用，使冠脉流量增加，提高小鼠常压及减压耐缺氧的能力，使家兔实验性心肌梗死的范围和程度减小。小檗碱静注对慢性心肌梗死犬的正常心肌和梗死心肌可显著延长Q–T的间期、右室有效不应期、左室正常区及梗死区的有效不应期。药根碱也能使家兔冠脉结扎引起的心肌梗死范围缩小。

（三）抗心律失常

小檗碱可抗大鼠心室纤颤，明显减少氯化钙诱发的小鼠室性心动过速和室性纤颤的发生率，提高电刺激兔心脏的室颤阈值，使氯化钡诱发大鼠室性心动过速恢复正常窦性心律。药根碱10mg/kg静注对大白鼠心肌缺血和心律失常均有对抗作用。

三、对神经系统作用

小檗碱能降低小鼠自发活动，并延长戊巴比妥睡眠时间。小剂量小檗碱能促进阳性条件反射的形成，大剂量则延缓其形成。小檗碱还会使猫的呼吸频率增强，并发呼吸困难。小檗碱及四氢小檗碱具有安定样作用，能拮抗多巴胺系统功能增强的活动。

小檗碱对乙酰胆碱具有剂量依赖性双相作用。在蛙及大鼠的神经肌肉标本上，能显著减弱箭毒对抗乙酰胆碱的作用。减弱肾上腺素的升压反应，还能拮抗肾上腺素和去甲肾上腺素的所引起的麻醉兔心律失常。实验证明小檗碱能抑制胆碱酶的活性。

四、对平滑肌器官的作用

小檗碱对多种离体器官平滑肌呈兴奋。小檗碱能对抗霍乱弧菌和大肠埃希菌引起的肠分泌亢进、腹泻和死亡及霍乱肠毒素引起的肠绒毛水肿。小檗碱灌胃能对抗蓖麻油或番泻叶引起的小鼠腹泻。

五、抗炎作用

黄连甲醇提取液对大鼠多种实验性足跖肿胀及肉芽肿有抗炎作用，局部用药也能减轻肉芽肿发展。并能抑制乙酸或组胺引起的毛细血管通透性增加及二甲苯引起的小鼠耳廓肿胀。小檗碱能刺激大鼠ACTH的释放，其抗炎作用可能与此有关。

六、抑制血小板聚集

黄连及小檗碱在体外对ADP、肾上腺素引起的血小板聚集有明显的抑制作用。人口服小檗碱对血小板聚集率高的患者有抑制作用。其机制可能是小檗碱抑制了血小板膜α 2受体、使血小板内cAMP升高所致。

七、抗肿瘤、抗放射作用

小檗碱能抑制腹水癌细胞呼吸约15%。还可抑制癌细胞对羧胺（carbnxamide）

的利用，从而抑制嘌呤及核酸的合成。小檗碱对体外艾氏腹水癌和淋巴瘤NK/LY细胞有一定抑制作用。对培养中的P383白血病、L-121G白血病、B16黑色素等肿瘤细胞的增殖有剂量依赖的抑制作用。小檗碱对小鼠遭受^{60}Co射线照射引起的死亡有一定保护作用，对照射引起的皮肤损伤也有较好的临床效果。

八、降血糖作用

黄连水煎剂1g/kg或小檗碱40mg/kg给小鼠灌胃均可降低正常小鼠血糖，并呈一定量效关系。小檗碱可降低四氧嘧啶糖尿病小鼠及自发性糖尿病KK小鼠的血糖，可改善KK小鼠的葡萄糖耐量，并能对抗外源葡萄糖或肾上腺素引起的小鼠血糖升高。小檗碱能抑制以丙氨酸为底物的糖原异生。小檗碱降血糖作用伴有血乳酸升高，故认为其降血糖作用可能通过抑制糖原异生和（或）促进糖酵解所致。

九、抗溃疡作用

口服黄连甲醇提取液或其生物碱成分对大鼠有轻度抗溃疡作用。将大鼠幽门结扎，然后皮下注射黄连或小檗碱，均明显地抑制其胃液分泌。黄连有保护胃黏膜作用：黄连解毒汤有抑制正常大鼠胃运动的作用，并有促进慢性溃疡模型乙酸溃疡治愈的趋势。

对牛奶所致热兔和酵母悬液发热大鼠有明显的解热作用。研究还发现从黄连中提取的新物质具抗HIV活性，可以用来治疗艾滋病。

十、抗癌作用

较多资料认为，小檗碱及某些衍生物有抗癌活性。小檗碱能抑制腹水瘤细胞呼吸约15%，但不影响其糖分解。小檗碱抑制呼吸的作用，主要是抑制黄酶。小檗碱还可抑制癌细胞对羧胺的利用，从而抑制嘌呤及核酸的合成。体外实验，小檗碱及9-berberolin对艾氏腹水癌和淋巴瘤NK/LY细胞有一定抑制作用，但给患同样癌小鼠腹腔注射这些药物时，疗效欠佳或无效。总压缩细胞容积法试验，小檗碱、四氢小檗碱衍生物对S_{180}无作用，而9-去甲基小檗碱及其醋酸、苯甲酸酯、小檗碱的硫代磷酰胺衍生物则有较强的抗癌活性。黄连和呋喃氟尿嘧啶、环磷酰胺、5-FU、顺氯氨铂、长春碱配伍使用可抑制对这些药物耐药性的增加。

十一、其他作用

离体器官试验表明，小檗碱能使动物的离体支气管、膀胱及子宫等平滑肌兴奋，降低兔离体子宫被5-HT所引起的收缩。小檗碱在大鼠及蛙的神经肌肉标本上，能显著减弱箭毒对抗乙酰胆碱的作用。引起此作用的小檗碱、毒扁豆碱与新斯的明的最小有效量比值分别为0.5、1.0与0.05。但小檗碱此作用出现缓慢，反复应用或大剂量给药后也不减弱，与毒扁豆碱、新斯的明不同。小檗碱作为荧光染料对*Saccharomyces ludwigii*可使线粒体显荧光，这种细胞对^{60}Co照射的抵抗力增高，死亡率低于对照组。小檗碱对^{60}Co射线照射小鼠的致死作用的第1、2死亡高峰有保护作用。小檗碱有局麻作用，可能与干扰细胞膜的去极化与复极化过程有关。黄连对凝固汽油弹所致兔和小猪皮肤小面积Ⅲ度烧伤创面有较明显促进组织愈合的作用。小檗碱还有降低兔眼内压、抗利尿作用。小檗碱能与大分子量RNA结合，因具荧光可作RNA定量测定之用，还可使肥大细胞中肝素着色，也可作为测定组织中肝素的含量和肥大细胞计数之用。

十二、毒性

黄连的10%水悬浊液对小鼠腹腔注射的LD_{50}为730mg/ml。大小鼠、豚鼠、兔静注小檗碱的MLD为27.5～250mg/ml，腹腔或皮下注射不能明显减轻其毒性。小鼠腹腔注射的LD_{50}为24.3mg/ml。大鼠腹腔注射的LD_{50}为205mg/ml。四氢小檗碱给小鼠灌胃、皮下及静脉注射的LD_{50}分别为940、790及100mg/ml，长期用药未见蓄积作用及病理变化。黄连的甲醇浸膏、生物碱部位及非生物碱部位给大鼠灌胃11周，其体重、摄食量及血象、脏器重量均无变化。

第三节　黄连应用

一、黄连的药用价值

黄连是常用的重要中药材，药用历史已有2000多年，始载于《神农本草》经，并列为上品，称其“味苦，寒，无毒。治热气，目痛，眦伤泣出，明目，肠澼，腹痛，下痢，妇人阴中肿痛”。其后中医古籍中也多有记载，“古方以黄连为治痢之最”称其为治痢良药，并在此基础上进行发挥及拓展。

经历代医药学家的临床实践应用、研究和充实，肯定了黄连的功效。黄连性苦，寒，归心、脾、胃、肝、胆、大肠经。具有清热燥湿，泻火解毒的功效。用于湿热痞满，呕吐吞酸，泻痢，黄疸，高热神昏，心火亢盛，心烦不寐，血热吐衄，目赤，牙痛，消渴，痈肿疔疮；外治湿疮、湿疹，耳道流脓等症。在治疗痢疾、消渴、疮疡肿痛、目疾、妇科等病症时有显著的疗效。

现代药理研究表明：黄连具有消炎抗菌，镇静退热、降低血压、降血糖、抗血小板聚集及溶栓、抗心律失常、抗肿瘤、扩张末梢血液循环及强化胆囊功能等作用。主要有效成分为生物碱。

黄连药效显著，用途极广，不但是中医处方最常用品种，也是中成药的重要原料。其根茎目前主要用作处方调配和中成药的重要原料，如黄连上清丸、复方黄连素片等。据《全国中成药品种目录》统计，以黄连作原料制作生产的中成药有黄连上清丸、香连丸等108种之多。在宋代以前一些医书3.2万多方剂中，含有黄连的方剂有1760首。黄连抗癌和降血糖等新疗效的不断发现，引起人们的广泛关注，黄连用途不断扩大，市场前景广阔。

二、化学成分提取物

小檗碱具有抗病原微生物、抗心律失常、降血糖、抗炎与免疫调节、抗肿瘤等多种药理作用，是重要的医药化工原料。长期以来国内外生产小檗碱主要有两种方法：一种是植物提取；另一种是有机合成。目前我国市场上的小檗碱几乎都是从植物中提取。现代研究证明，黄连属植物的根茎、须根和叶中均含有小檗碱、黄连碱、药根碱和巴马汀等生物碱。小檗碱含量：根茎3.8%～6.7%，须根0.9%～1.8%，叶0.2%～1.2%，花为0.56%，种子为0.23%；总生物碱含量：根茎6.6%～9.5%，须根2.3%～5.5%，叶1.1%～3.6%。黄连植株茎的重量与根茎重量基本相等，而其须根亩产量约占总产量的30%左右，可收购黄连须根提取小檗碱等有效成分，提高黄连种植的经济效益。

三、在保健食品中的应用

近年来，日本等国体育科学研究发现中医方剂“黄连解毒汤”能抑制体温上升1.5℃，可以减少体力消耗，保证运动员达到最佳竞技状态，因而作为清热降温解暑饮料前途广阔。黄连的须根、叶、梗，配以金银花等中药材，可制成黄连速溶茶。黄连花薹作为一种食品，其味微苦而清，是夏季清热解毒最佳菜肴，老少皆宜，并有一定降糖降脂的作用。黄连花薹的利用，可提高黄连附产物的收入，提高连农种连积极性。可将其作为绿色蔬菜、保健食品进行开发利用。目前重庆已着手进行黄连花茶和黄连花薹食品的开发研究。福建已研制出了黄连复合茶，重庆研制的黄连饮料具有降暑作用，已获专利证书。

四、化妆品和日用保健品中的应用

黄连的广谱抗菌作用已被开发成系列除菌产品，包括洗手液、护手霜、沐浴露、香皂、洗发精、洁面乳、空气清洁除菌喷雾剂、汽车除菌擦拭液等，随着人们生活水平的提高，特别是消费者个人卫生和生活习惯上的改变，此类除菌产品仍将大有市场。重庆、万县、涪陵已建起了黄连香波、黄连药皂、黄连痱子水、香粉厂等。以黄连为主制成的黄连淋浴露有着杀菌护肤的作用，对皮肤瘙痒、湿疹等皮肤疾患有较好的预防和治疗作用。以黄连为主的健足粉，有着杀菌、除臭的作用，促进脚部血液循环，起着缓解疲劳的作用。黄连洁阴洗剂可防治阴道炎等疾病，有着止痛消炎的作用。

此外，用黄连、升麻做成的牙膏，可防蛀齿、口臭等；黄连剃须膏可防止剃须对皮肤的创伤而引起的感染。

五、在兽药和饲料添加剂中的应用

黄连须及叶可作兽药，用于防治猪、兔等动物的痢疾病，还与其他中药配伍用于家禽以及水产病害的防治。黄连叶、黄连渣、黄连须根等副产物也可作兽药开发使用，前景广阔。广西玉林地区南木、金田等乡镇，用黄连须根、板蓝根防治草鱼肠炎、烂鳃取得良好效果。黄连止痢散按2%的药料比拌入食物内让鸡自食，治愈率达96.7%；黄连还用于防治鱼细菌性肠炎。黄连可作为绿色饲料添加剂，用于防治多种动物的痢疾，而且有效地防止多种疾病的感染。

六、在防治作物病虫害中的应用

纯天然植物源农药——0.3%苦·小檗碱·黄酮水剂克服了一般化学农药带来的环境污染及作物抗药性的弊端。中国农大对该产品的作用机理研究表明该杀菌剂不但具有直接杀菌作用，而且主要通过提高植物自身对病害的免疫力来达到抗病的目的。

西南大学发现黄连与抗菌和抗病毒农药有协同增效作用，可以显著提高农药的抑菌效果，获得的产品增效效果显著，并申请了专利。

七、其他应用

黄连所含的生物碱为较好的黄色天然色素。由于它们的基本化学结构相同，化学性质相似，作天然色素使用在提取时可无须经过分离纯化，使制备工艺大为简化。可作为天然色素用于日用化工中作洗剂和皂用天然色素。黄连提取的生物碱也用于纺织印染中，经过黄连处理的纺织品可制作防菌产品。

参考文献

[1] 瞿显友，等. 优质黄连产业化生产与经营[M]. 重庆出版集团，2009.

[2] 瞿显友，等. 黄连生态栽培技术[M]. 中国三峡出版社，2008.

[3] 陈仕江，钟国跃，李隆云，等. 不同生育期黄连的生理特性[J]. 重庆中草药研究，2004，50(2)：7-8.

[4] 黄骥，裴盛基，王元忠. 云南黄连自然资源及其保护问题的研究[J]. 中草药，2005，36(1)：112-115.

[5] 黄俊斌，赵纯森，卫扬斗，等. 三种重要黄连病害的初步研究[J]. 湖北植保，1998，(4)：10-11.

[6] 张艺，孟宪丽，范刚，等. 体现中医药特色的道地药材黄连品质评价系统研究[C]. 2012上海中医药与天然药物国际大会，2012.

[7] 陈红英. 黄连指纹图谱研究进展[J]. 中国中医药信息杂志，2012，19(5)：109-112.

[8] 兰进，杨世林，郑玉权，等. 黄连的研究进展[J]. 中草药，2001，32(12)：1139-1141.

[9] 马红兵，康华峰，王西京，等. 黄连、黄柏预防放射性皮肤损伤的临床观察[J]. 中国皮肤性病学杂志，2002，16(6)：388-389.

[10] 马琳，银福军，曾纬，等. 黄连白绢病生物学特性及防治药剂的筛选[J]. 安徽农业科学，2009，37(34)：16905-16908.

[11] 张德利，银福军，曾纬. 氮、磷、钾肥对黄连白绢病菌核形成和萌发的影响[J]. 中草药，2011，42(6)：1210-1212.

[12] 银福军，曾伟，瞿显友，等. 石柱黄连白绢病调查及影响因子分析[J]. 安徽农业科学，2009，37(22)：10551-10553.

[13] 李小锋，宋良科，代春初，等. 三角叶黄连的繁育系统与形态解剖学特征分析[J]. 中国中药杂志，2010，35(14)：1789-1794.

[14] 宋良科. 雅连种质与致危评价[M]. 西南交通大学出版社，2011.

[15] 代春初. 峨眉黄连生物学特性与生药学研究[D]. 西南交通大学，2011.

[16] 钟国跃，黄小平，陈仕江，等. 黄连（味连）"有限成分组合质量标准"的研究[J]. 世界科学技术-中医药现代化，2004，6(6)：72-75.

[17] 冯敏. 黄连花薹成分分析和功能评价[D]. 西南大学，2006.

[18] 唐光曦，黄彦珺，张艺，等. 黄连体外改善胰岛素抵抗活性与HPLC指纹图谱的相关性研究[J]. 重庆中草药研究，2009，11(6)：828-833.

[19] 陈玉兰. 黄连^{1}H-NMR指纹图谱及其体外抗内毒素活性的研究 [D]. 成都中医药大学，2009.
[20] 陈红英. 黄连指纹图谱研究进展 [J]. 中国中医药信息杂志，2012，19 (5)：109-112.